The
Subcon
scious

与
潜意识
对话

刘心阳 著

Wuhan University Press
武汉大学出版社

图书在版编目(CIP)数据

与潜意识对话 / 刘心阳著 . —武汉 : 武汉大学出版社，2015.11（2022.3重印）
ISBN 978-7-307-16560-1

Ⅰ . 与… Ⅱ . 刘… Ⅲ . 下意识 - 通俗读物 Ⅳ . B842.7-49

中国版本图书馆 CIP 数据核字 (2015) 第 196599 号

著作权合同登记号：图字 17-2015-158 号

原著作名：《幸福学·潜意识对话》
原出版社：布克文化
作　者：刘心阳

责任编辑：袁　侠　　　责任校对：林方方　　　版式设计：郑　汐

出版发行：**武汉大学出版社**　　（430072　武昌　珞珈山）
　　　　　（电子邮件：cbs22@whu.edu.cn　　网址：www.wdp.com.cn）
印刷：北京一鑫印务有限责任公司
开本：880×1230　1/32 开　　　印张：11　　字数：320 千字
版次：2015 年 11 月第 1 版　　2022 年 3 月第 4 次印刷
ISBN 978-7-307-16560-1　　　　定价：58.00 元

目
录

目　录

CHAPTER 2

分享

SHARE ___ **81**

CHAPTER 3

得到

CREATIVE 243

PREFACE

前言

前言

最近，我在身心灵教育课程中做了一个市调，市调中列举出所有能想到的现代流行的生命目标。我在课堂中一一念出，并要求学员当听到心理认同的目标时，请说："要"。

下面是我收集的二十余项流行目标：

□赚取财富　　　　　　　□争得成就

□争得权力地位　　　　　□获得社会尊重与认同

□扩展知识　　　　　　　□提升智慧

□洞察真理　　　　　　　□实现梦想

□拥有美满的家庭　　　　□希望下一代飞黄腾达

□希望身体健康　　　　　□希望长寿

□期盼青春美丽　　　　　□追寻让自己快乐的东西

□寻找性享受　　　　　　□希望被爱

□寻找真爱　　　　　　　□寻找真、著、美

□争取个人自由　　　　　□伸张正义

□做善事、服务别人　　　□寻求留在人间的生命痕迹，

像艺术或丰功伟业

猜得到学员们在课堂的反应吗？呼应"要"的声音不是零星地此起彼伏，而是如合唱团般齐声说"要"！

人生当然要说"要"。

不管你是谁，多老、多有财势，让我们来设想一个场景：如果某天你早上起来，发现完全不知道该做什么的时候，你不会感觉到生命慌张而且无趣吗？

跟大家分享一个故事，我曾认识一个衣食无忧的退休企业家，他每次见到我时都一脸落寞，为什么呢？因为他退休以后闲到不知道该做什么。平日他会打所有可能打的电话，参加所有可能参加的聚会，甚至包括与他无关的邻里活动。

没有人否认在生命中要去追求些什么东西，但值得我们提问的是："我们所追求的，是我们真正想要的吗？"

其实，这个问题没有标准答案，不同的人会基于个人不同的属性，去选择自我感觉良好的生命目标。

多数人都相信他们所做的是对的、是必然的，否则他们不会耗费一辈子的生命如此做。然而有时候，在追求目标的过程中，不妨先停下来，思考下列三个提问，当你的答案是"否"时，你必须考虑重新检讨目标的适当性。

三个面对目标值得思考的问题：

问题一：你曾经思考过你想要追求什么吗？还是只是随波逐流，碰运气过日子，做什么就算什么？

问题二：你真的在追求你心里想要追求的吗？还是你不过只是做个鹦鹉，在追求别人要你追求的呢？或者，你只是在跟随社会热门的目标呢？

我曾在某个演讲中问一群企业家："如果你们能够回到十四岁，你们是否愿意回去？但条件是，如果选择回去，你将全然不知道是由现在回到过去。"

读者想猜猜现场的反应吗？愿意回去的企业家竟然不到四成。

我在另一堂心灵课程问学员们同样的问题，愿意回去的学员竟然夸张到连一成都不到。

为什么许多人拒绝回到十四岁？这不是矛盾吗？既害怕死亡，不断地祈求长寿，却又不愿意回归年轻？

在生命中，我们多会就目标论下的渴求与依赖，为自己不断地设定一个接着一个的目标；完成了一个目标后，立刻又规划另外一个目标。

试问，考虑到生命如此之短，考虑到人终究要离去，而离去的时候，又带不走任何所拥有的，那这种"目标导向的生命"究竟有多大的意义？

现在，我们能否放下目标论，接受另一种哲思："生命首先追求的，不是成功或目标，而是平静喜悦的心灵美质"。

不是我们要的生命目标没有价值，而是当生命感受到压力、担忧、恐惧或痛苦时，达成目标的成就感会像美酒变成馊水，变得没有意义。

这些省思与期望正是这本《与潜意识对话》的积极目的。让我们分享一下促成美好生命的顺序，我称这个顺序为"美好生命三部曲"。

第一部曲：消解内在的压力、担忧、恐惧与痛苦

促成美好生命的第一步，不是学习如何飞黄腾达，而是解决心灵内在各种负面情绪，包括痛苦、压力、恐惧、担忧、嫉妒、愤怒与关系不和谐，等等。

没有宁静的心灵，就没有成功的人生。

第二部曲：成就自我期许的最大生命蓝图

当内在平和安适后，为了不虚此生，我们应该为自己找寻并成

就心中真正期盼的生命目标。

第三部曲：提升心灵素质，了解生命的真相与生死的意义

当心灵平静喜悦后，当创造了自己欢喜的生命目标后，下一个值得去探讨的是：提升心灵素质，了解生命的真相与生死的意义。

在面对生命的努力过程中，请遵循这个"美好生命三部曲"的顺序。跳阶容易事倍功半，或者甚至于无效。

当你能如实依序完成"美好生命三部曲"时，在心灵提升的路径上，你内在的能量与智慧能够照亮你自己，带出生命的和谐，促成内在完整平和。

这本《与潜意识对话》将与读者分享一个简易提升心灵的方法。

希望读者能够借由这个方法，为自己的生命创造一个类似蝴蝶蜕变的心灵提升与转化，然后让这个心灵变动所带给你的能力与智慧，去创造你心中想要的人生。

SUBCONSCIOUSNESS

> > > | 与潜意识对话

CHAPTER 1

得到

GIVE & TAKE

1.0　灵感

冥冥中，某些隐喻或者是象征

正是上苍在关键时刻对我们传递生命的讯息

许多年来，我曾想透过一本有声书与人们分享丰盛生命的哲学观与方法，但天性疏懒，迟迟未化作行动。也许不耐烦的天使早已再三对我捎送过某种讯息，但愚鲁的我却从来就没有感受过。

直到六年前的某夜，灵感终究来了。

六年前的某个夜晚，我与爱妻看午夜场电影；在电影散场后刚踏出大门时，突然莫名地昏倒在地上。当醒来时，我发现自己躺在地上，看到爱妻握着我的手，并用惊恐的眼神看着我；环观四周，看到几十双腿与鞋子。当时我错以为心脏病发作，自觉生命垂危。对这类濒死现象我在医院里看多了，颇能习以为常，但却没想过会轮到我。

奇妙的时刻开始了。

当时我并没有惊慌，反而以一个第三者的角色平静地观看整个过程。我心中意外地不但一无所惧，反而呈现着一种既往未曾经历过的清明觉知，一种言语无法描述的深层了知。这种"啊！原来就是如此"的觉知，令我深深地感动与欢喜。

在当下我自问：佛家涅槃时的寂静是如此吗？

> 涅槃（梵文：Nirvāna）在佛教教义中表征圆寂、寂灭、解脱、自在或不生不灭等义。佛教认为涅槃是看穿灭尽世间一切，而全然寂静了知的圆满状态。所以涅槃中永远没有生命中的种种烦恼与痛苦，也不再经历下一世的六道轮回。

当我在享受与感叹死亡前的自然与美妙时，脑海弥漫着一个满足的念头："生命至此，了无遗憾"。但此时，第二个自责冷酷离去的念头接连浮现，我深深地感觉愧对妻子对我的挚爱与不舍。

心中对妻子的歉疚尚未结束时，瞬间耳边又出现了一个明显的责怪声音："很好吗？很开心了吗？一辈子又做了些什么呢？你还能拥有另一个机会吗？"我不清楚这个天外讯息从何而来，但讯息中一堆的苛责令我心惊内疚。

我开始自省。

我既往的生命虽非全然利己，但绝对谈不上发扬利他哲学。我的随机人生观，促使我仅愿意自顾自身，并没有刻意地在人间送出爱与奉献。在强烈自责下我开始回顾自己，我的心中并非无爱，但率性、疏懒的个性，杜绝我去经验生命的爱与更大的创造。

　　当时我在心中默祷："如果我仍能活着，我会善用存留的生命，去认真积极地完成一本丰盛生命的书。"这本有声书《与潜意识对话》，就是在呼应内在允诺下所完成的。

1.1 生命的三门功课

一个从未犯错的人是因为他不曾尝试新鲜事物。

阿尔伯特·爱因斯坦（Albert Einstein）

> 每一个人面对生命有三门功课。
>
> 第一门功课是：学习如何离苦得乐
>
> 第二门功课是：如何成功地达成生命目标
>
> 第三门功课是：觉知生命的真相

面对这三门功课，多数的心灵教育课程会有两种不同的教育模式。

第一种心灵教育模式

第一种教育模式，着重从"理性面"或者"思考逻辑面"，去教育或者说服学员如何去面对各式各样的生命问题。

课程会教育学员：

□放下焦虑悲伤，保持平静喜悦

☐ 停止愤怒，因为愤怒一无是处

☐ 不要介意别人的批评，要转化批评为触动成长的箴言

☐ 不要怨恨别人，要用爱与仁慈去善待周边的人

☐ 不要嫉妒别人，要学习祝福别人

☐ 对工作要有自信，告诉自己说："我可以"

☐ 对工作要有热忱，做的永远比预期的多

☐ 不要做二手鹦鹉，要建立自由的创造心

这一切教育内容都很好，都是帮助离苦得乐与达成生命目标的心灵鸡汤，但这类理性教育在心灵转化的效果上并不理想。许多人接受课程后，开始时感觉效果不错，自认为已经改变了，但经过了一段时间后，他们发现慢慢地又故态复萌。他们也许会积极地再度参加其他心灵课程改善自己，然而重复经历失败后就放弃了。

这让我们反思，这些学员失败的原因是什么？其实并不完全是课程师资不好或者内容欠佳，而是"教者有心，听者无意"，这个"意"指的就是"潜意识"。

这些课程所设计的内容，的确能够触动学员在意识表层的理性面或逻辑面的认同，但实际来说，由理性所能控管生命的行动，连总生命行动的 20% 都没有，生命中其他 80% 的行动，根本不是经由

思想下的理性控制，而是由意识深层的潜意识所掌控。生命中所感受到的负面的情绪、生活习惯、日常行为，绝大多数由潜意识所掌控。

这个现象也解读了为什么以理性为基础的教育模式，对心灵提升的效果不彰。它比较像是"旧酒装新瓶"的治标模式，以为是换了新瓶的新酒，但仍是旧酒；或者，它像是尝试修补一个漏风漏雨的破旧房子，不管如何费力地修补，仍然还是破旧房子。

第二种心灵教育模式

第二种教育模式着重在"直接转化潜意识"方面。它的设计特色是利用特定的方法跳过理性或思考，直接聚焦在处理潜意识内的错误信念。

由于它直接针对潜意识的转化，所以效果是治本的。它等同把老酒从旧瓶中倒掉，重新换成新酒；把老房子干脆拆掉，重建新房子；或者，将计算机内的老旧软件换掉，重新植入新程序。

在对比上，后者教育模式触动心灵提升的效果较为深广，而且快速，因为它直接转化创造80%生命内容的潜意识。由于效果治本，我称这个转变为"心灵的蝴蝶蜕变"。

1.2　"潜意识对话 DIY" 的身心灵效应

　　"潜意识对话 DIY"提供一个居家可行的简易模式，帮助读者"Do it yourself"，自行与自己的潜意识对话，并快速地促成潜意识的转化。

"潜意识对话 DIY" 是丰盛美妙生命的工具

　　近年来，在我耳边一直有一个温馨的指引，鼓励我去寻找一个美化生命的普世方法。在这个叮咛下，我扮演一个技师的角色，在充满汽车零件的拼装场中，结合一些被印证良好的零件，将它们组装出一部能够进化心灵与丰盛生命的金龟车。这部车就是"潜意识对话"。

　　"潜意识对话"是一本触动潜意识转化的工具书，它包含"书文"与"语音引导"两部分。

　　"潜意识对话"书文内容，源自于历史智者的生命智能、科学信息、个人的直观与实验。它着重深入探讨痛苦与恐惧的根源，以及探究如何有效转化潜意识。这个转化可促使人们远离恐惧与痛苦，享受平静喜悦的心灵，创造自由丰盛的生命。

　　"潜意识对话"的语音引导简称为"潜意识对话 DIY"。它综合心理咨询经验、深层放松技巧、静心与潜意识转化指令所编排而成。它提供一个居家可行的简易模式，帮助读者"Do it yourself"，自己与自己的潜意识对话，并快速地促成潜意识的转化。

它的语音引导能够引导读者进入深层放松与心灵平静，并同时将脑波转入频率较慢的 α 脑波（Alpha Brain Wave）。当读者处于平静放松的 α 脑波时，"潜意识对话 DIY"会对潜意识发出指令，去转化潜意识内在的资源与机制，转化后的潜意识可引导读者创造更丰盛美好的生命。

"潜意识对话 DIY"除了能够协助读者转化潜意识外，它的深层放松语音引导，是协助现代人消解疲劳，舒缓焦虑与助眠的有效工具。

这本有声书的语音引导简单易行。

使用"潜意识对话 DIY"时，请选择一个安静的空间，宁静仔细地聆听，并跟随有声书的放松语音。读者可自行透过书中语音，将自己导入深层放松后，去转化内在潜意识。

如果读者按部就班，依循书内的规划，耐心倾听有声书三个月，相信许多生命议题能够得到部分或整体解决。当读者感受到心灵的良性变动时，你将认同"心灵的蜕变"是可行的，你也坚信它将发生在你的身上。

为自己买一张进入心灵花园的门票

在持续练习中，你将会查觉到一天比一天更加平静，更有智慧与能力去面对生命，拥有更多的爱与仁慈去圆融生命关系，并且开放了自由的创造力，去为你创造独一无二的美好生命。

当你意识到心灵蜕变已发生后，这种变动的经验与信心，等于为你买了一张进入"心灵秘密花园"的门票。你会欢喜地进入这个美妙的心灵花园，它里面充满了许多你未曾经验过的生命讯息、资源、能量、智慧与生命的真相。

在未来的生命中，你将会在心灵花园中持续地享受心灵的蜕变。只要你有信心、耐心与努力，这一切都将会发生。

我们不妨思考，到底什么样的生命观更能促成美好的生命？是安适稳定地固守屋内，还是积极勇敢地走入未知的丛林？

我猜想神农氏、比尔·盖茨（Bill Gates）或史蒂夫·乔布斯（Steve Jobs）愿意选择后者。他们有一个共通的心灵特质，那就是：满足他们生命的元素不是"享受"或"我是谁"，而是去经验、去感受、去体验非凡的生命。

这本书希望能引领您在人生路途上，积极智慧地多走一步。

"潜意识对话 DIY"的身心灵效应

■ "潜意识对话 DIY"的生理改善效应

"潜意识对话 DIY"能够将读者带入"类似或超越静心的身体放松与心灵寂静"。这种深层质量的身心灵转变，能够有效地预防或缓解生理疾病。此外，它也能够帮助人们增强免疫系统，平衡自主神经，并活化生理组织与新陈代谢，例如像高血压、消化问题、某些皮肤病、关节炎、风湿症、狼疮、气喘病、失眠与疼痛，等等。

请留意，面对各类生理疾病，"潜意识对话 DIY"可提供医疗科学外的辅助，但不可被视为掌握所有生理病症的万能药。

■ "潜意识对话 DIY" 的心灵效应

经由"潜意识对话 DIY"协助，读者可促成下列不同深度的心灵转化与提升：

- □ 协助身体放松、心灵宁静、留在当下
- □ 舒缓内在恐惧、担忧、痛苦与愤怒等情绪
- □ 协助放下内在贪婪、嫉妒、依赖、渴望等执念
- □ 圆融人际关系
- □ 放下旧习惯、建立新习惯
- □ 建立正向思考模式
- □ 提升记忆力与思考力
- □ 提升工作信心与能量
- □ 放下既往不再被需要的回忆
- □ 放下过度担忧无常的未来
- □ 开启心想事成的心灵机制
- □ 开启工作的直觉力与创造力
- □ 开启更高的智慧
- □ 提升心灵的自由
- □ 开启内在既有的爱与仁慈
- □ 理解生命的真相

我对"潜意识对话 DIY"语音引导的哲思

*想象力比知识更重要。*因为知识是有限的，而想象力是无限的，它包含了一切，推动着进步，*是人类进化的源泉。*

阿尔伯特·爱因斯坦（Albert Einstein）

　　"潜意识对话 DIY"是撷取客观的科学印证与禅修的直观经验制作而成。在身兼"证据依归的科学家"与"心灵研究者"的双重身份下，如何客观适切地融合两种内容，去创制一个提升身心灵的有效工具，是个欢喜的过程。

　　我相信有些人会对这个陌生的"潜意识对话 DIY"充满好奇，我也相信遵循"科学唯识论"的人们会迷惘它的定位。依据我对"潜意识对话 DIY"在科学的重复性（Reproducibility）与可信性（Validity）的客观检视下，它对于身心健康的提升的确具有不同程度的帮助。

　　我对读者的建议是：

　　面对"潜意识对话 DIY"，与其用思维分析它是黑猫或是白猫，倒不如经由实际的体验，去经验它是否是能抓到老鼠的好猫。

　　"思维分析"不如"实际体验"。

1.3　生命难得

恭喜您来到人间，<u>因为统计学家会告诉你："依或然率，您根本不应该存在。"</u>

我们根本不应该存在

读者可曾搁下过平日繁琐的思绪，站在更高处看看自己的生命？想试着从另类角度来看我们的生命吗？

人们一直有个迷思——认为我们的存在是理所当然的。但生物统计学家与概率学家告诉我们这个答案是"错"；他们认为我们根本不应该存在，我们的存在是个了不起的奇迹。

对于这个见解，我愿意举双手赞成。但一些文人墨客，像是尼采（注）也许会持相反论调，呻吟生命的无奈与辛苦；此外，我猜想达尔文进化论的拥护者也会疾声抗议。

弗里德里希·威廉·尼采（德国哲学家，Friedrich Wilhelm Nietzsche，1844 年 – 1900 年）为历年来颇具影响力的哲学家；他曾说出知名的"上帝已死"的见解，也终身被认定是一个孤独的哲学家。

我无法苟同他们的灰色论点，我仍会坚持恭贺你的存在。

因为自始至终，金鱼缸里的我愚昧不解："金鱼如何能透过鱼缸理解人间真相呢？"我一直秉持"不可知论"，认定"自认无知"比"自作聪明"更有智慧，不是吗？对此，一些科学家缺乏勇气。

在此，我诚心并郑重地恭贺你来到人间，因为你的出现实在是太神奇，太不偶然了。为什么恭喜你来到人间？

读者可知道在宇宙亿兆个运行的星球中，有多少个星球能像地球般孕育万物？到目前为止科学家还没有找到。

地球孕育万物的条件，好到令人拍案叫绝，无法令人相信。它必须同时拥有众多的必要因素，才能促成生物的孕育演变，少一个，多一个或者改一个都不行。

例如说，它与太阳的距离绝对不可以远一点或者近一点，任何与太阳距离的细微波动，都会促成地球温度不适合生物生存。另外，像是地球上的物质元素或空气成分有任何改变，也无法令生物生存。

此外，读者应该知道，在地球史上物种灭绝多次发生，而且每次都几乎是全体灭绝。它发生的次数多到令你不得不担忧人类迟早会消失。地球开天辟地 45 亿年以来，生物出现于 10 亿年前，已有数十亿种不同的物种在地球上出现过，但其中，99.99% 的物种都已灭绝。看起来任何物种至今仍能存活在地球上，得有特殊好运道才成。

大家脑海中，还记得《侏罗纪公园》电影中的恐龙吗？恐龙最早出现在两亿三千万年前的三迭纪，它们一度纵横地球超过一亿六千万年之久，但在六千五百万年前的白垩纪就发生了全体灭绝。灭绝的原因不清，猜测可能是地壳变动、气温变化、或外层空间陨石撞击，等等。

另外，当今地球有百万计的物种存在。面对万物时，你可曾侥幸地感恩过其实你也可能不是人，而是蟑螂、蚊子或苍蝇吗？猜想一下有谁喜欢做它们吗？能在地球上身为智人，实在难能可贵。

而最不可思议的奇迹，是你的祖先（不包括猴子、猩猩）创造了你。如果想了解这个议题，请思考一下与你出生相关的受孕当晚。

首先，当然你父母双方都不得缺席，都得在当晚共同为你工作。你的爸爸一次射精的精子总数量约 3.5 亿个，而母亲卵巢中的总卵子数约为 500 个。因此，当晚孕育出你的受精概率大约低于 1750 亿分之一，这个或然率很惊人吧！不是吗？是否开始觉得你的存在太侥幸了呢？

其实不只如此，还有许多其他的变量与你的出生有关。譬如说，你的父母亲任何一方移情别恋而更换结婚对象，否则你当然无法存在。然而对同样这个变量，你要担心的可不只是你的父母，你必须将这个担心，无限上推到你生命源头的第一个祖宗。光就增加这个变量，你存在的概率将远低于连续多次获得纽约乐透奖；这是个计算器烧坏也算不出来的概率。

最后，请不要忽视另外一个变量，那就是"你自己"。大家想一想，你能够每天轻松地享受健康的生命，绝对也是个了不起的奇迹。

你是否意识到你的身体由无数个以兆为单位，而且毫无心机的原子构成。这些原子成分与泥巴里的原子成分一模一样，但它们竟然神奇地结合起来，透过某个美妙的机制，精确组成了"一个人"，让"你"存在，并且终身为你效命，这个美妙的结构与运作机制，比你的计算机复杂了不知道几万或几亿倍。计算机需要你精准操作才可工作，但你的身体却能自主地运作，让你不需做任何地努力，就可轻松地过日子。

这一切够奇迹吧！你能生出来不是超级侥幸吗？

如何让生命多采多姿呢?

　　如果你同意上述的一切,那你得接受一个开心的事实:"人生难得",你我应该相互恭贺对方来到人间。既然生命如此殊胜,你我不想不虚此行,让它多采多姿吗?如何让生命多采多姿呢?成就生命最重要的基础元素是什么?答案不是健康、财富、成就,或者青春,而是"快乐"。

　　不是吗?生命中还有比快乐更重要的元素吗?在没有快乐的生命中,健康、财富、成就或者青春仍有存在价值吗?没有快乐的生命值得延续吗?如果我们同意"快乐唯上论",那我们可就麻烦大了。因为我们许多人都自觉不快乐。

1.4 我们的生活怎么了？

人生有丰沛的物质，不如有健康的身体；有健康的身体，不如有快乐的心灵。然而短暂的快乐，却又不如恒久的宁静自在。

现代人每天过着繁忙无奈的日子

智者曾说过："人生有丰沛的物质，不如有健康的身体；有健康的身体，不如有快乐的心灵。然而短暂的快乐，却又不如恒久的宁静自在。"谁不喜爱宁静自在的心灵？但近年来，完整的心灵健康几乎成了痴人梦语。

读者有没有意识到一些现代人的共通现象：

人们几乎每一天都过着同样的日子，早上无奈地起床，面对工作，充满了竞争与压力；面对关系，充满了矛盾与冲突；面对自己，充满了不满与指控。但人们已经习惯过这样子的生活，就是这样子的日子，一天一天地，把人们带到了老年。

> 我们住房子喜欢住在高楼层，因为从高楼往下看街景，可以更清楚地看到在街面上看不到的东西。我们爬山也喜欢站在山顶往下了望，站在山顶可以更明确地看到城市中看不到的一切。但面对生命，我们却没有如此。

虽然我们每天过着繁忙高压的生活，但很少人愿意拨出一点时间，静下心来，去站在更高的纬度，仔细看我们的生命到底是什么样子？为什么是这个样子？或者，我们在做什么？

检查自己的快乐指数

许多人在空闲时，会看看存款簿里存款有多少，或者会打开保险箱，检视保险箱里的东西。当企业家意欲重整企业时，他做的第一步，不是对外扩大营业，而是对内检视企业内部的健全性。这个逻辑也适用于我们的身心灵。当我们决定冲刺人生时，必须学会"先安内后攘外"。

现代人生活过度忙碌，经常忙到没有问问自己生活过得满不满意，快不快乐？

读者想借这个时机检查一下自己的快乐指数吗？

经常检视自己的"快乐指数"是个好习惯。只有你愿意看清楚你的快乐状况，你才拥有改善它的可能性。掩饰痛苦就是姑息痛苦，就是承认自己是"痛苦之身"。当你接受了痛苦存在的事实，你就失却了改善快乐状况的机会。

■ 知道怎么检查自己的快乐指数吗？

人们的思想有粉饰太平的特质。它会刻意地装扮自己，用粉遮掩脸上的青春痘，而让答案失真。如果想检视你真实的快乐指数，不要用"思想"找答案，要用"无念"去感受它。

检视快乐的最好时机，是在清晨刚醒时，因为此时脑波正处于思想静止的α波。

清晨刚醒时，如果你感觉身体轻松、心情良好，每一次呼吸都舒畅圆满，好想快快起床享受美好的一天，那你的快乐指数很高。但如果早上起床时，你感觉身体疲惫、心情低落，想到又要面对一天辛苦高压的工作，根本不想起床，好希望今天是周末，那你的快乐指数不高。

假设快乐指数是由"1"到"10"；"10"代表很快乐，"1"代表很不快乐；读者不妨在某天刚起床时，给自己一分钟时间去感受自己的"快乐指数"是多少，能够超过"6"吗？

1.5 心灵健康难得

阿纳托尔·法郎士曾以九个字浓缩了人生：人，出生，受苦，然后死亡。

人，出生，受苦，然后死亡

现代人多数都不快乐。

法国小说家阿纳托尔·法郎士（Anatole France）呼应这个现状，曾以九个字浓缩了人生；他说："人，出生，受苦，然后死亡。"

难怪威廉·莎士比亚（William Shakespeare，1564年－1616年）在1605年创作的话剧《麦克白》中叹道："人生不过是条行走的阴影，一则痴人叙述的故事，只闻喧嚣与愤怒，毫无意义。"

佛教也开宗明义指出："人生本苦"。佛家说的人生本苦是真相吗？不论它是不是描述真相，近年来不断增加的佛教人口似乎在呼应这种信念。

避开历代战争、饥荒或天灾时期不谈，我深深地怀疑，目前现代人不快乐的广度与深度，是近数百年来人类历史上最强烈的。

我们一起来深入地探究：人类到底怎么了？为什么近年来人们

不快乐的曲线逐年笔直上扬。它是哪个（或哪些）因素促成的？是个人的人生观改变了？是人们生命周遭环境变差了？还是它是瑞士心理学家卡尔·荣格（Carl Gustav Jung）提示的：痛苦因子蔓延在人群的集体潜意识（注）中，默默地相互感染？

瑞士心理学家卡尔·荣格（ Carl Gustav Jung, 1875 年 – 1961 年）认为，集体潜意识是人格结构最底层的无意识，它包含了世代群落的经验储存在大脑中的讯息。集体潜意识是我们一直都意识不到的东西。他曾用海岛举例；他认为露出水面的岛是人能感知到的意识，水面下的岛就是潜意识；而岛的最底层海床，就是集体潜意识。

心灵健康统计

根据美国的美国精神病人联盟的报告：

□ 23% 的美国人拥有可被诊断出的心理疾病，其中约半数人的心理疾病会严重影响他们地正常生活运作。

□ 美国一年有约 600 万人会定期看心理医师服用精神药物。

另外，根据 2003 年"美国总统心理健康新自由委员会"的报告

指出：在美国早期，癌症或心脏病是残疾的主要原因，而近年来的心理疾病，例如忧郁症、躁郁症、精神分裂症、自闭症和强迫症，等等，才是导致残疾的主要原因。

世界卫生组织（WHO）数据显示：过去 45 年来，全球自杀死亡率增加了 60%；平均每 40 秒就会有一人自杀死亡，而每 3 秒就会有一人企图自杀。预测到了 2020 年，全球每年会有 150 万人因自杀身亡。

现代人感受的心灵苦难，远比百年前物质匮乏时代更严重。如何求取宁静喜乐，开始变成全球急迫的社会议题。

痛苦具有传染蔓延的特性

平心而论，对绝大多数人来说，痛苦其实仅占生命的一小部分而已，欢乐还是比痛苦多一些。在理论上，如果人们能活在当下，欢乐的时候就享受欢乐，而痛苦的时候就经历痛苦，考虑到欢乐比痛苦多的情况下，生命还是可以被接受的。但矛盾的是，多数的欢乐无法消解少数的痛苦。

想象生命是一杯清水，而痛苦是墨汁，只要在清水中加入仅仅几滴墨汁，就能够让原本清澈的水全部染成黑色。痛苦的生命时光也许仅占生命 10% 的时光，但人们却无法控制那 10% 的痛苦，无奈地让它去肆虐生命其余 90% 原本美好的时光。

如果此刻天使出现在你眼前，仁慈地对你说："如果你愿意，我可以帮助你移除生命中所有无价值的痛苦时间。"试问你是否同意接受这个建议呢？

如果答案是"同意"，那么你已丧失了至少 80% 的生命；但如果答案是"不同意"，那你岂不是非常矛盾？既痛恨痛苦，却又定期体检或祷告祈求长寿？

1.6 消解痛苦六部曲

只见汪洋时就以为没有陆地的人，不过是拙劣的探索者。

弗朗西斯·培根（Francis Bacon，1561 年 - 1626 年）

痛苦是宿命吗

人们感觉头痛时，会吃阿司匹林片，如果头痛再不好，则会进一步地请教医师。但人们面对心灵痛苦时态度不同，多数人会在宿命论下消极地回避，假装问题不在。

培根否定消极人生。的确，否定问题存在自然就否定了改善问题的机会。生命的问题极少会自动消失，至少对痛苦是如此。

值得庆幸的是，的确有些人成功地去除了心灵痛苦，并获得平静喜悦。其实在我们眼前，一直存在着一个七彩绚烂的幸福乐园，但当我们戴上悲观的墨镜时，眼前的美丽世界就不存在了。想一起来寻找促成生命快乐的答案吗？

痛苦的人无法找寻生命的答案

痛苦与快乐无法并存，痛苦也会抵销一切成功的美好。如果我们希望拥有美好成功的生命，就必须先驱除内在的痛苦。

在某次的心灵咨询课程中，有一个满脸痛苦的女孩子问了我一个问题："人为何而来？"

我猜，社会上有许多人有着同样的问题，大部人都感觉生命痛苦。当痛苦的人怀疑生命的时候，会开始自问："我为什么来到这个世上？"

绝大多数问这个问题的人都不会找到答案。原因是，这些人问问题所使用的工具，就是创造痛苦的思想，创造痛苦的思想永远无法找到痛苦的原因。此外，思想内既存的思考资源只不过是既往生命经验的累积，这些经验资源不包含括供给答案的足够元素。

它就像是当一个妇人找不到小孩，她会拿着照片满街去问谁看到了她的小孩一样。但如果一个人想去找寻一个从未谋面的东西，如果连找什么都不知道时，她所做的一切努力与心机都是白费；就算是她站在这个东西的前面，她也无法知道这是真相，因为她的焦虑情绪，会消减她观察真相的能力。

举例来说：我是一个计算机白痴，最近为了工作需要，买了一台苹果笔记本电脑。

我在一次长途旅行中，打算利用飞机上的时间使用计算机工作，我惊奇而且很不耐烦地发现，我竟然花了五分钟的时间，尝试了好几种方法，都无法将计算机的屏幕打开。这时候我请求外援，把问题告诉一位走过身边的空姐："对不起，可否请您帮个忙，我打不开计算机的屏幕。"空姐拿起我手上的计算机，将计算机转了180度，轻松地打开了屏幕，然后亲切地对我说："先生，您开反了。"

痛苦的人不能找寻生命的答案，因为当你焦躁痛苦的时候，在焦躁痛苦的情绪下所找寻的答案并非真相。

在生命中，我们一直在找寻生命的答案，但是当我们钻入问题的时候，我们一却现找总是不到问题的答案。要找寻真相的答案，要站在问题的更高一阶，从上往下看，而非钻入问题本身。

众多痛苦的人忙着去找答案，但却不知道找寻答案不是重点。与其找寻"人为何而来"的答案，倒不如去思考如何消解痛苦。"无苦"是生命存在的必要基础，连基础都不稳固，谈何跳阶找寻真相呢？

驱除痛苦六部曲

以下，我将介绍一个有效可行的痛苦驱除模式，它要遵循六个步骤。

第一部曲：接受痛苦的存在是常态事实

只要你活着、会呼吸、能思考，你就得感受痛苦，不管这个痛苦来自于身体或者心灵。痛苦像是牙周病，99% 的人都有不同程度的痛苦，它是如此的稀松平常。

人们面对痛苦会有两种选择，一种是承认痛苦常存的事实，一种是掩饰痛苦或者不承认应该拥有痛苦。

宿命论者会学习与痛苦共存，并假装痛苦不在。不论是否定或掩饰痛苦，这种生命哲学都会杜绝你处理痛苦的动机与可能性。无可避免地，这是多数人的共通习性，但也是这种习性，创造了阻碍生命丰富美好的绊脚石，因为痛苦的存在会抵销快乐。

如果你期待快乐，那你就得先承认与接受痛苦存在的事实。当你承认后，你就为自己购买了处理痛苦的门票，它是享受美好人生的第一步。

但遗憾的是，多数人反其道而行，他会漠视痛苦的存在，他会直接跳过痛苦，将生命能量放在外在财富、权势的追求上；外在的物质追求可能创造快乐吗？痛苦会侵蚀消解我们感受快乐的能力。

第二部曲：坚信痛苦可以被转化

多数动物拥有接受宿命的特质，它们的生命活动建立在反射中。面对痛苦，它们会选择逆来顺受，连最接近人类的猩猩都不会去设想如何让明天更好。

许多人面对痛苦时，也会如动物般，宿命地默默承当痛苦。有些人干脆放弃努力，透过宗教信仰或灵异经验，将自己沉迷在对灵魂永在与天堂的依恋中。

但人类与动物不同的地方是："动物是天生宿命，但人类拥有选择。"人类拥有智慧与权利，可以选择改变今天而成就明天。你必须相信你能够改善痛苦；如果你愿意相信痛苦可以被消除，那你就拥有驱除痛苦的机会。

第三部曲：用平静心处理痛苦

肉铺里老板用天平称猪肉时，不管怎么称，称得的猪肉重量都是客观的，而且是可重复的。但人们所感受到的痛苦，在本质上却是非"客观量化的变量"。它对心灵冲击的程度，不在于痛苦事件本身，而在于人们面对痛苦时的心灵状态，所以冲击的程度是主观的，是因人而异的。

许多人面对痛苦，会把它视作反常的、恶质的，或者是"不该发生在我身上的坏蛋"，在这种心绪下，他会立刻如刺猬般与痛苦尖锐对立。这种对抗情结不但无法纾解痛苦，反而会强化痛苦对心灵的创伤。

经过对立所促成的后果吗？还记得愤怒与对立曾在你的伴侣、朋友或者事业关系上为你带来什么吗？心灵有一个恒常定律：对立创造等量的抗争。

禅修者面对痛苦的心念异于常人。他们认定生命诸般总总皆是虚相；既然快乐或痛苦均是虚相，就不需要与痛苦对立，他们自然见苦不苦，见乐不乐，对于外在冲击一无所感；既然无感，冲击就不再造成创伤。

相反的，修行"放下"的禅修者会感恩无常苦的存在与试炼。他们知道只有透过理解苦的根源与放下苦，才能真正地觉知生命与成就放下。禅修不是修"脱苦"，而是在借由修"苦"成就觉知生命本相。

我们不必学禅修者见苦不苦，但至少面对痛苦时请不要诅咒痛苦或者与痛苦对立。要学习以平静接纳的心念去接受痛苦存在的事实，这种心灵美质会触动解决痛苦更大的智慧与能量。

第四部曲：看清楚自己的痛苦的本质、成因与根源

面对疾病时，医师们都知道有效的疗愈方法是对症下药。然而，许多人面对痛苦时的做法相反；他们没有先去了解痛苦本质和促成痛苦的成因与根源，反而会直接找寻秘方除苦。如果痛苦的人连痛苦的本质与成因都不知道，那如何能对症下药呢？这种偷懒的跳跃模式既非对症下药，自然成效不佳。

所以，如果想有效消除痛苦，要先检视痛苦的本质、成因与根源。

第五部曲：放下错误的脱苦方法

基于不同的生命观与个人经历，不同的人会选择不同的方法除苦。驱除痛苦的方法虽然很多，但多数无效。

人们经常有一个矛盾，明知道某些脱苦方法无效，但仍然重复使用，乐此不疲。连草履虫碰到障碍时都知道转向闪避，那尊为万物之首的智人难道不知道要放下旧法，另寻他法吗？

第六部曲：身体力行

生命成功的人有一个成功的秘密，那就是：他们理解处理生命现象不是数理演算，他们会避开繁复无用的理论辩解，采用身体力行模式，用"实践"去搜索正确应对生命的方法。

一个好消息与一个建言

当读者看到此处，我想告诉读者一个好消息与一个建言。

好消息就是：依据我乐观的观察评估，许多人依循这些步骤都能成功有效地脱离痛苦，更能留在当下，享受平静喜悦的生命，并令事业更上层楼。

建言则是：本有声书介绍的脱苦方案是个"知易行难"的模式。知道很简单，但如果你舍不得放下肩上扛的脱苦方舟，缺乏对这个模式的信心与执行的信念，最终，你所做的一切努力不过只是纸上谈兵的幻念而已。

1.7   生命该这样子活着吗？

想要脱苦的人坚信他们扛的方舟
是唯一能够帮助他们渡往彼岸的救赎之道
但他们的方舟真的是帮忙脱苦的方舟吗？

脱苦的方舟

我想讲一个故事，隐喻人们处理痛苦常见的错误方法。

有几个和尚同心协力地在肩膀上扛着一条沉重的独木舟，踏着艰辛的步伐走进一个村庄。

这些和尚有趣的行为吸引了很多村民围绕着他们指指点点，有一个村民走上前去问和尚说："请问你们在做什么？"只有一个和尚一边擦着汗水，一边勉强地回应："没看到我们扛着什么吗？这条船不是普通的船，它是帮助我们脱苦的方舟，它会带领我们到达脱苦的彼岸。这条船对我们太重要了，我们必须随时带在身边。现在，麻烦你不要再打扰我们。"

村民眼看着和尚们扛着独木舟渐渐离开了村庄。离开时，村民发现多了一个人在扛独木舟，那个人就是刚刚问话的村民。

想要脱苦的人都会抬着自己相信的方舟，在灵性提升的道路上前进。他们坚信他们扛的方舟，是唯一能帮助他们渡往彼岸的救赎之道。但他们的方舟真的是帮忙脱苦的方舟吗？

要回答这个问题就得深入了解多数人处理痛苦的十种方法与它们的成效。下面将一一讨论。

处理痛苦十种常见方法与成效

第一型：怨天尤人型

有些人处理痛苦的方式，不是去找寻痛苦的成因而解决问题，而是不断地通过打电话、喝下午茶、传 E-mail、或在 Facebook 中广宣悲苦。他们的脱苦哲学是："抱怨痛苦可以让自己快乐"。

我曾经与一些朋友同去京都赏枫：京都当时枫叶满山满城，美到令人欢喜心悸。但其中有位朋友沿路根本没有赏枫，只是不断地诉说生命种种悲苦。

爱谈痛苦的人有一个特质，他们在讲话时多数会从"我"开头，有时会从"他"开头，但很少从"你"开头。注意从"我"开头的讲话内容：这些内容不外乎是自己的陈年往事，或者是自我中心下的想法。他会介意自己的自言自语，但不会关切别人讲什么；别人的讲话还没讲完，他已经迫不及待地继续插入他的痛苦史。

这些人也会在语句中从"他"开头，但讲的内容抱怨的多，祝福的少。他们讲话很少以"你"开头，因为他们太爱自己了，所以挤压不出更多的爱来关心你。

你可曾做个市调，去倾听群聚对话中是"我"多，还是"你"多?

有一次我跟一个朋友在一起，他不断地抱怨他往事的悲苦。我对他请求，问他有没有"生命该这样子活着吗"的念头。

是否可能一个小时内讲话不从"我"字开始。真的他在往后的一个小时内无话可说。

我们来谈一个简单的生命逻辑，如果一根刺插在肉里，当你感觉到针刺的痛苦，你会实时行动，设法把刺拔出来，因为你知道拔刺就可解除痛苦。

抱怨痛苦绝对不是拔刺。实质上，抱怨痛苦就等同承认痛苦无解，也会令他变成痛苦之身。它像是金庸武侠小说中谢逊的七伤拳，一拳出手，伤人伤己。因为在抱怨心念产生的时候，首先会毒害到自己的心灵，接着就会毒害到其他人，所以抱怨简直一无是处。

"诉苦"是无法改善痛苦的。要想解决痛苦，无它，必须勇敢积极地面对、了解并有效地处理痛苦。

第二型：消极宿命型

　　有一种人相信痛苦是宿命，是不能解决的。他们面对痛苦的方式是淡化或者埋葬痛苦。

　　为了"淡化痛苦"，他们会用过度的随和态度来面对痛苦。例如，他们会说"其实对这个我一点都不介意""其实他也是好意"，或者"其实是我不对"等语句。

　　为了"埋葬痛苦"，他们会自我催眠麻痹自己。甚至，他们会在痛苦的四周筑起一道高墙隔离痛苦，强迫自己相信问题不在。

　　面对社会，他们会带着快乐的姿态，伪装痛苦不在。当别人问他们"最近好吗？"他们会在脸上挤出虚假的幸福微笑，一成不变地告诉对方说："挺好的。"他们的反应很世故，也很聪明；因为他们知道当别人问候"好不好"的时候，问话的人并不一定真想关心他们，因为别人也正自顾不暇地在痛苦中。

　　想象你正看着一群蚂蚁辛勤地搬运食物，如果你仁心大发，语重心长地建议蚂蚁说："您终日只是繁忙无趣地工作，有没有想做些有趣的事情？"蚂蚁如果能回答，大概会说："我很忙，请让路"。

蚂蚁不是故意放弃美好的生命，原因是它身不由己。因为它的内在天生被植入了一个拼命工作的芯片，这个芯片让蚂蚁变成一个工作机器人。

一些人的内在也有类似蚂蚁的工作芯片，这个芯片叫作"逆来顺受芯片"或者"听天由命芯片"。

在这个芯片的操控下，他们只是被动地承受痛苦，而不会采取任何行动。

但是不去理会痛苦，心灵问题就不存在了吗？

他们把痛苦封存到心灵密室里不闻不问，就认定把痛苦之门关上了。但事实上被掩埋的痛苦不但没有消失，它的负面能量反而会调皮地化身百态，灌注在你生命的每一个层面，让你因为你的"关闭"，交换了十倍的痛苦，甚至于危害你身体的健康。

第三型：积极补偿型

找寻快乐来补偿痛苦

有一些人面临痛苦时比较积极，他们会努力找寻快乐，来补偿或中和痛苦。这种补偿有点像是化学反应中，碱性溶液可以被酸性溶液中和。当他们发现痛苦无法被快乐有效补偿时，他们不会怀疑他们的补偿哲学，只会认定是快乐不够，因此，他们会更努力地去追求更多的快乐。

相信物质可以消解痛苦

近百年来，人类史上最大的变动，不是政治、文化或者经济方面的变动，而是物质的变动。

现代科技带动了高水平的物质文明。在这个跳跃成长的物质文明下，现代多数人会执念着"物质快乐论"，拼命地去求取物质。争取财富变成了众人无法对抗的快乐定律。

物质当然很重要。人们必须有足够的食物填饱肚子，有个房子挡风遮雨，有个车子代步，有个手机联络人，这些基本物质是必需的，没有人质疑这一点。

但现代许多人在"物质快乐论"下被催眠了，他们耗用生命极多的时间与精力拼命赚取金钱。有些人赚到早就超过活一辈子所必需的，但他们不会停止，因为他们坚信：充沛的物质、名位、财富，等等，是保证快乐的秘方。

为什么人们拼命赚钱呢？

许多现代人认为，金钱能带来很多好东西，像是快乐、享受、社会地位，等等。这些引诱人心的红萝卜，真的能让生命变得更好吗？

我们不妨分开检讨这些红萝卜。

第一个红萝卜：财富会带给我们快乐

有些人拼命赚钱，是认为财富能带给他们快乐，但这个预期不对。美国社会心理学研究发现："当个人年收入超过八万元美金后，增加的收入并不能增加快乐。"

我认识一些家世很好的年轻人，他们已拥有很多物质，但非常不快乐。他们告诉我："我不知道为什么拥有了一切，却不快乐？"他们在得不到答案的情况下，只好找寻新点子或新刺激，去创造新快乐——但他们仍然埋怨痛苦无解。

也许穷人会以为有钱人比较快乐，因为有钱人能纵情享受他们所没有的。但这只是穷人一厢情愿的想法，有钱人并不一定觉得如此。相反的，有钱人求财时的竞争拼斗，或者怕失去财富的患得患失心理，反而促成他们拥有更多的痛苦。

也许有钱人知道物质并不等同于快乐，但他们仍咬紧牙根苦求物质，因为他们认定，物质追求是他们在生命苦海中唯一可以仰赖的淡水。

穷人有一点比不上有钱人。多数穷人的脸上经常带着饱经风霜的苦相，但有钱人则是不形于色的变色龙，就算是心灵苦闷，脸上也永远带着快乐的假面具，让你错以为他们很幸福。

容许我来模拟一个现代版的哑剧，剧名叫作："幸福的高级喜宴"。

剧中场景：

地点：高级五星级饭店婚宴厅

场景：整场满布鲜花，喜气洋洋

人物：某桌座上十位穿戴高贵的绅士、淑女

角色：每个人脸上洋溢着幸福满足的微笑

氛围：感觉进入了人间天堂

我们不妨拨开这个幸福喜宴的云雾外纱，去深入探索生命实态。这十位绅士、淑女的生命实况可能是什么？

☐ 有七位自觉有明显的生活压力

☐ 有六位快乐指数不到六十分

☐ 有三位需要接受心理医师的咨询

☐ 有六位面临婚姻危机

☐ 有四位失眠，睡前可能要吃安眠药

☐ 有五位经常头痛，肩膀酸痛

☐ 有四位常年便秘

☐ 有三位经常胃痛或消化不良

☐ 有两位吸食毒品

虽然他们有着这些问题，但他们绝对不会让你看出来，他们会戴上面具，努力保持开心幸福的样子。他们不是故意伪装，其实他们颇有智慧，他们猜想别人也许并不介意他们的问题；他们怕别人为难，勉强装扮关切的样子，所以索性不说。

进一步来说，各位看过电影《黑客帝国》（*The Matrix*）吗？电影中描述人们其实是活在电脑创造的虚拟世界中。而在现代，我们也如法炮制，在集体潜意识的共鸣下，协力创造了一个如同电影黑客帝国下的虚拟世界。

我们都懂得装扮自己，很少人愿意自由勇敢地活出自己的样子。

第二个红萝卜：为了增加享受

财富的确会增进生活享受，这是无庸置疑的事实。如果物质能带动实质上等价的享受，当然很好；但如果所谓的等价享受并非实情，而只不过是人们在集体潜意识下渲染的幻觉呢？

我曾经在演讲中做过公开调查，问学员们最喜欢吃的三道菜中，有没有鲍鱼与鱼翅？全场几十人中，只有一位学员宣称最爱吃鱼翅。如果鲍鱼与鱼翅并没有这么吸引人，那为什么高级喜宴中必须有鲍鱼与鱼翅呢？它背后隐藏的议题是什么？

各位可知道戴百达裴丽手表（Patek Philippe，简称 PP 表）有一个好处？当别人看到你戴 PP 表时，他们心里会惊叹："啊！百达翡丽！"所以，PP 表变成了表征财富地位的名片。有钱人不必告诉其他人他有钱，只要带上 PP 表就行了。

但我个人并不认为 PP 表有多好，我觉得它有两个缺点：

其一，论功能，PP 表不见得比几百元的电子表准确。我戴的 Seiko 表就很准确，许多年都不需要校正时间。其二，戴 PP 表时会情绪紧张，因为怕碰撞、磨损或遗失。

我有一个朋友戴 PP 表在某国家海关通关，通关时她放入 PP 表的篮子滑出 X 光机时，她惊恐地发现 PP 表不见了。她当场气急败坏地兴师问罪，造成整个机场骚动。

我也有过类似的例子。两年前我在某个航空站通过海关时，表也不见了，但我当下不但不紧张，反而兴奋，因为遗失的是价值只值台币五千元的 Seiko 表。可以猜猜 PP 手表背后隐藏的生命议题是什么吗？

近年来，法国名牌爱马仕（Hermes）的顶级皮包售价动辄超过百万元，购买经常要排队等待。但我一直觉得它不如帆布大布包，因为大布包既可以放更多东西、又不怕磨损，而且去欧洲旅游万一被宵小抢劫时，可以挥动布包临时充当武器对抗。

第三个红萝卜：为了权力、地位

为什么人们愿意辛苦地争取权力、地位？除了服务的目的之外，人们相信权力地位会获得别人的推崇尊重。

但值得提问的是：这种尊重是条件式的尊重，还是无条件的尊重？依赖别人的推崇所建立的荣耀是扎实的荣耀吗？人们真的傻到相信地位权力所带来的尊荣是恒存的吗？过度依赖条件式的尊贵去增加快乐，是摇摆不实的虚相。试想，当权力和地位消失后呢？

我曾经听过某大医院的主任喜爱打网球。虽然球技平平，但他的打球预约本里永远填满了网球约会。当他退休后，本子里却空空无约，他想找人打球但发现大家都很忙碌。这类例子相信你比我知道得还多。

第四个红萝卜：为了友谊

观察一下，有钱人身边经常会环绕着一大堆朋友。我知道一个三十岁出头的年轻人将他的网站卖掉，赚了论亿计数的财富。在这之后，每天总有许多人围绕着他。

我并没有否定纯友谊，但财富背后隐藏的友谊有多少可以经得起考验？条件式的友谊是真友谊吗？

疯狂追求物质的投资报酬率是什么？

有人向禅师提出问题："关于人生，最让您感到惊讶的是什么？"

他回答："人类为了赚钱，他牺牲健康；为了修复身体，他牺牲钱财。然后，因担心未来，他无法享受现在。就这样，他无法活在当下。活着时，他忘了生命是短暂的。死时，他才发现他未曾好好地活着。"

为了拼命追求过多的财富，人们换得的代价是什么？

他们换来的是：身体变差了，经常睡眠不足、头痛、肩膀酸痛、失眠、便秘，等等；精神也变差了，感觉压力大、情绪紧张、担忧、易怒，等等。然后，当身心灵不能支撑时，就去度假或是做 Spa。

人们努力工作是为了求取舒适的享受？还是舒适的享受只是为了储存持续冲刺工作的动能？到底哪一个是因，哪一个是果？不管谁因谁果，许多人为了拼命赚钱，耗用许多的生命时间与精力是事实。这一切，扭曲了他们应该过或想过的生活。他们忙到无法与家人相聚，也无法做自己心里真正想做的。

几年前，有一本畅销书叫作《追逐阳光》（*Chasing the Light*）。作者罹患脑癌，在死前的三个月中，他写下面对死亡的心灵日记。在书中，他特别提到平日忙到无法与家人相聚，当他觉悟到要多与妻女共处时，他却必须走了。

我也听过一些在金融界辛苦工作地女孩子的类似状况。她们都很年轻，职场表现出类拔萃，而且高薪、高位。但她们夜以继日忙碌，连周末都无法休假。她们几乎有着共同的症状："工作压力高、情绪差、月经不正常、脸上长满青春痘、年岁跨过三十都还没有出嫁"。这些年轻女强人不是出嫁条件不好，也不是不想嫁，只是忙到没时间谈论婚嫁。

拼命工作放弃了自己的梦想

许多人一辈子忙着赚钱。当他们闷头闷脑地钻进钱财世界里时，他们会抛弃自我，无法静下心来倾听自己真正想要的是什么。

只有当他们在年老、重病、生命面临重大冲击的时候，或在面临死亡的时候，他们才忽然惊醒，开始检讨自己的生命。万一他们发现他们所做的全错了，或者都不是他们真正想做的，他们就开始后悔，但一切都太迟了。

乔布斯逝世前的话

各位必定都很熟悉因癌症逝世的史蒂夫·乔布斯（Steve Jobs），许多人尊崇他的一生传奇。在他逝世后，许多人为他写了许多本传记，这些书大多都变成了畅销书。但如果你在乔布斯逝世前问他："你满意你的人生吗？"你猜他会如何说？

让我们来看看他自己给的答案。

乔布斯在他逝世前留下一段话公之于世：

作为一个世界五百强公司的总裁，我曾经叱咤商界，无往不胜。在别人眼里，我的人生当然是成功的典范。

但是除了工作，我的乐趣并不多，到后来，财富于我已经变成一种习惯的事实，正如我肥胖的身体，都是多余的东西组成。

此刻在病床上，我频繁地回忆起我自己的一生，发现曾经让我感到无限得意的所有社会名誉和财富，在即将到来的死亡面前已全部变得暗淡无光，毫无意义了。我一生的金钱和名誉都没能给我带来什么。我也在深夜里多次反问自己，如果我生前的一切被死亡重新估价后已经失去了价值，那么我现在最想要的是什么？

黑暗中，我看着那些金属检测仪器发出的幽绿的光和吱吱的声响，似乎感到死神温热的呼吸正向我靠拢。现在我明白了，人的一生只要有够用的财富，就该去追求其他与财富无关，但更重要的东西；也许是感情，也许是艺术，也许只是一个儿时的梦想。无休止地追求财富，只会让人变得贪婪和无趣，变成一个变态的怪物，正如我一生的写照。

上帝造人时给我们丰富的感官，是为了让我们去感受它"预设在所有人心底的爱"，而不是财富带来的虚幻。

我生前赢得的所有财富，我都无法带走。

能带走的，只有记忆中沉淀下来的纯真的感动，以及和物质无关的爱和情感。它们无法否认也不会自行消失，它们才是人生真正的财富。

乔布斯在逝世前，为他追求物质财富的生命下了自我评注。

威廉·萨默塞特·毛姆拥有的成功与富有

威廉·萨默塞特·毛姆（William Somerset Maugham，1874 年 - 1965 年）是 20 世纪成功的英国现代剧作家，但这只是世人对他的看法，毛姆在 91 岁去世前完全不同意这样的说法。

他非常痛苦悔恨地说："我快要死了，而我一点也不喜欢这个想法。如果我死了，我甚至于连一张桌子都带不走，我这一辈子彻底失败了，我希望我从来没有写下任何一个字。它给我带来什么了吗？我的人生失败了，现在要改变也太晚了。"

别人认定毛姆活地风光精彩，但毛姆在去世前却自觉没有活出自己想要的。

如果乔布斯与毛姆逝世前留下的感言能够激起我们重新省思生命，那我们都还来得及问自己一句话："我这一辈子曾自由无惧地活出自己吗？"

追求物质的过程中心灵不快乐

人们追求物质原本是希望能够快乐，但事实是拥有物质并不必然带来快乐。

人们在追求物质的过程中，会存在一些患得患失的恐惧，比如怕得不到、怕获得太少、或者怕得到后失去。

求财已苦，而这些求财过程中，附加的心灵压迫，会让他们苦上加苦。

大部分人在求财过程中，会用竞争与掠夺的手段求取个人最大利益。他们会希望在别人身上多获得一些，也不介意因此而牺牲别人。在这些"利己"手段下，他们心中仍能拥有对他人的关怀、爱与仁慈吗？将自己搁置在冰冷无爱的心灵世界里可能快乐吗？

爱是双向流动的，它像是空谷回音。当你在利它心下抛出爱时，爱会如回力球般自然等量地回弹。双向的爱是宇宙不变的定律。恨也是一样。

热爱权位的人面对宗教信仰，心灵会面临两极对立的痛苦：一边是竞争掠夺，一边是爱。教义告诉他没有爱的生命会被神处罚，但求名利又必须竞争掠夺。但在竞争掠夺下又怎么能有爱呢？

当面临这种矛盾下的恐惧时，人们会忙着告解或捐款，去补偿德性的缺失。而这种在心灵恒久的冲突下，人会感觉到快乐吗？

人类在智慧上比猴子强太多了；但在心灵质量上，我们活得并不比猴子快乐。猴子天天知道活在当下，在树梢开心自在地跳跃，享受大自然。而人类却放弃了大自然，天天沉陷于追求物质的欲望中。

有方法放弃物质索求吗？

如果我们同意"过多的物质不会带给我们快乐"，那么人们能够放弃过度依赖物质吗？

听到这个提问，我猜有人心里会响应："讲起来很容易，但做起来可难了"。没错，你说得对，要放弃物质索求的确很难。

当你想放弃物质索求时，你会发现你无法执行这个诉求，因为你的潜意识自小被植入了一个赚钱芯片。这个芯片会直接跳过理智，告诉你："物质不够是危险的，请多多赚钱。"它促成你一辈子莫名地在条件反射下，拼命无度地索取物质。

潜意识中的"疯狂赚钱芯片"是如何来的？

可曾思考过是谁给了我们无止境追求物质的赚钱芯片？迫使我们的心智认同唯物生命观？这一切，来自于不同根源的集体创作。

□ 第一个帮我们植入赚钱芯片的是"学校教育"。

在表面上，学校教育本质上是个单纯的学术传播，但它的背后却隐藏了物质至上的唯物观。

在现代学校教育中，以"竞争"为导向的现象频繁可见。在课堂内，学童要学习竞争成绩名次；在学校，学童要争取进入好班；在入学时，学童要竞争进入名校。整个学校教育流程充满了竞争气息，但学校会美化竞争的必然性，它会说这是为了学生的未来。在这个良善口号的掩护下，竞争就被逻辑化了。

现代多数学校的术教超越身教；术教能带给学生财富地位，而身教能带给学生快乐，如果二选一，你猜父母会如何选？

□ 第二个帮我们植入赚钱芯片的是父母。

在教育方面，其实父母跟学校的立场一致。学校所做的一切无非都是在响应父母的价值观。但父母错了吗？父母并不认为他们错了，他们会认为这是在爱的前提下的必要措施。但父母可曾自问这些期望带给了孩子们什么？

□ 第三个帮孩子植入赚钱芯片的，是社会蔓延的一些价值观，它透过荣格的集体潜意识潜入孩子的内在。我们一直以为我们是独立的个体，在心念上与社会其他人是分离的，但其实不然。

科学家们在研究中发现，生物间具有某种量子能量层次的心念联结。在这个联结下，一些人的信念会像传染病般，由少数个体蔓延到整个族群。最终，整个族群会共同拥有那个信念。这种心灵信念的传播是不必学习的，它在潜意识的量子层次自动发生、运作与散播。

日本科学家曾在日本的一个离岛观察猴子的行为。他们发现，竟然有些猴子在吃水果前会先在溪水中清洗水果，不久后，他们发现岛上的所有猴子都会洗水果。更令这些科学家惊奇的是，经过一段时间后，另一个离岛的猴子也在洗水果。

我们并不一定想要无度地追求物质，也许我们要的，只是自由的淡衣素食过日子。但当教育与父母共同帮我们植入了抹不掉的赚钱芯片后，我们一辈子就被这个芯片绑架了。我们会变成一个只会赚钱的机器人或者怪物，会放弃心里真正想要的，放弃了真正的自己。

权利名位可以增加快乐吗？

有些人会狂热地追求权力名位，因为权力名位会让人得到别人的尊敬、羡慕，并且会带来成就感、贡献感。

更高位的角色真的能够令人更快乐吗？其实不尽然如此。当人们过度依赖变成某个角色求取快乐时，他反而更容易痛苦。为什么呢？

因为如果你相信"变成某个角色会带来快乐"，那么追求角色的打拼过程将会很辛苦，你必须利用竞争拼斗去抢夺高位。当你获得某个角色时，你会希望获得更高的位置，这个贪婪心会让你更辛苦。当你拥有一个美好角色而依恋它带给你的快乐时，你会怕失去它而奋力保护它，怕失去角色的牵挂也会带给你恐惧。当然，最糟的噩梦是：如果你失去了它呢？

观看人们面对角色的所有心绪，没有一种心绪会增进快乐。

我认识一个将军，当他在任时乐观、开朗与充满正念，但他卸任不久后很快地陷入忧郁，而且严重到必须找精神科医师治疗。

利用角色去赢取别人对你的尊敬与崇拜，或者去建立自己的快乐，是地基不稳固的快乐，是假快乐。

"讨爱"可以消减痛苦吗？

有些痛苦的人可能会利用"讨爱"地方式去消减痛苦。为了有效地得到"爱"，他们会用讨的方式渴求别人爱他。但讨爱的姿态是辛苦的，它易于造成紧张、对立的人际关系。愈想讨爱，愈会讨不到爱。当人们讨爱讨不到时，会陷入更深的沮丧、恐惧或者愤怒。

逃到酒精、毒品里或去夜店找寻快乐

有些痛苦的人会去夜店一夜狂欢，抚平他们空寂的心；有些人会吸食毒品，利用药物麻痹痛苦；有些人会去卡拉OK厅，唱出心中的悲苦；有些人会在身上刺青或者在舌头上植入钢球，去宣誓自由的渴求；有些人会找整型医师脸部拉皮，用青春消减老化的恐惧；

也有一些人逃到手机信息里，试着用友情纾解寂寞。

只要做市调就会发现，上述方法效果不大。受苦的人利用找寻快乐消灭痛苦并没有什么意义，因为外在条件式的享乐，像是金钱、豪宅与名位，等等，根本无法帮助他们脱离痛苦，转入平静喜悦的心境。条件式的快乐根本无法消解痛苦。

条件式的快乐无法消解痛苦

有经验的人都知道，任何条件式的快乐都无法消解痛苦。苦瓜的苦不能用糖去遮掩，厕所内的异味也不能用香水去遮掩。所以上述所有的补偿方式都对脱苦效果不大。

为什么痛苦不可以被补偿抵销？因为痛苦的源头不是外在环境的变动，它是潜意识直接传输给大脑的痛苦情绪。这种潜意识主导的自发性痛苦，不是任何理性解读或外在东西可以消解的。

如何正确地面对物质？

如果我们能够理解物质与快乐无多大关联，那么，如果你愿意，你可以思考给自己一些有益的心灵建设，帮助你离开对物质的依恋。

其一：练习建立不依赖物质的平常心

我们面对生活，能不能对物质没有依赖心？能不能拥有很多物质时，尽量地享受物质；但物质不多时，也能快乐地过着简衣淡食的日子。我们脸上永远带着随遇而安的自在微笑，既不崇拜有钱人，也不鄙视穷人。这种微笑永远令人羡慕赞美。

其二：赚取物质的过程中，心中不带有目标与渴望

多数人在赚取物质的过程中，心中总是不经意地带有目标与渴望；例如，想要赚到多少钱，想要用钱买更多的东西，或想要利用财富赢得别人的认同与尊重。任何目标导向的赚钱行动，都会为你营造"得不到""得的少""失不得"或者"失去"的压力和痛苦。不是吗？

求取物质的过程中，最佳的心灵模式是什么？

在工作的过程中，能不能仍然做同样的工作，但心里没有渴求的目标？当心里没有目标时，你将不再为五斗米折腰。当工作的推手不再是财富、荣誉、地位或者掌声时，这种美质的平常心念会让你自动的放弃比较、嫉妒与竞争，而取代的，将是刈工作的爱、喜悦与自由。

其三：倾听心里面自己真正想要的

大部分人一辈子忙着赚钱，很少能够静下心来，检视自己喜不

喜欢正在做的工作，也没有认真问自己心里真正想要做的是什么？

生命如此之短，不要让自己的生命后悔；要让心灵宁静，在宁静中去专注倾听自己的心。在宁静中，美好的建言会从内在自动浮现。而你会在无恐惧下，欢喜自由地做自己真正想要做的事。

改造从转化潜意识做起

我必须提醒你，如果你愿意接受上述生命观，并且希望转化为行动时，请理解这些建议只是理性下"面对物质时的理想心灵状态"而已，它并非达成的方法。如果读者想要能够让自己打心里，自然地、自动自发地放弃物质的引诱，必须从改造潜意识做起。

如何才能够去消除潜意识中渴求物质的机制或铭印呢？如何在你的潜意识中植入一个新的自由创造的工作铭印（注），让你能够在生命中欢喜地工作，而让财富自动地发生呢？这是这本语音书希望能为你做的。

铭印指的是一种不可逆的行为学习模式，它通过环境的刺激而会被植入个体的潜意识中。铭印会对应环境中某一特定的对象或现象产生特定的反应。铭印作用一旦发生，就很难改变，它是长久有效的。

第四型：梦幻未来型

有些人在无法承受眼前痛苦时，他们会放弃改善眼前生命的努力；相反的，他们干脆放弃当下，将生命寄托在未来。他们会为未来量身打造一个美好的梦境，然后利用这个梦境消减现况的苦。

当一个人将生命投射在未来的时候，这些投射也许暂时给他一个心灵避难所，但他必须先否定当下，但否定当下就虚度了真实的生命。此外，他会不时地担心无法达成未来梦境，这种担忧令他苦上加苦。

我曾经认识一个四十多岁的企业家，一直努力地为事业奔波，没有任何娱乐，他经常对我抱怨生命辛苦。有一天他告诉我说："房款快缴完了，孩子快毕业了，退休基金也快达成了，退休后我得好好地享受享受。"然而天不从人愿，他不久后就发现已是癌症末期。

　　有些人更消极，他干脆否定了生命的价值，把重心放到死后的天堂世界。但多数情况下，这类人仍然痛苦，为什么呢？如果天堂或者西方极乐世界真地存在，那它对于化解痛苦或许会有所帮助。但多多少少的，他们对天堂的存在存有怀疑。信仰不足背后隐藏的恐惧，会深化既有的痛苦。

　　对心灵来说，未来代表未知，而未知永远隐藏了担忧与恐惧。依恋投射的未来绝非脱苦的良策。

第五型：思想至上型

　　有些思想发达的人，会利用思想去找寻创造痛苦的罪魁祸首。但人们不管如何左思右想，却总是找不到。或者有些人自认为找到了，但仍无法纾解痛苦。

　　知道是什么原因吗？原因很单纯，因为一切的情绪，包括痛苦、恐惧，等等，都来自于思想。创造痛苦的罪魁祸首，其实就是如假包换的思想。请想一想，当你入睡后会有痛苦吗？没有思想就没有痛苦。

　　请用丰富的想象力想象一下，如果你是一块宁静躺在山谷里的石头，可以静静地感受大自然的一切景致，但没有思想。当人们践踏过你或狂风暴雨肆虐你的时候，你不会痛苦，也不会有情绪，因为你没有思想。

当你小时候别的小孩骂你"XXX"时，你不会生气，因为你的思想还没有成形，不知道"XXX"是什么意思。直到思想学到"XXX"的含义时，你听到"XXX"时才会开始愤怒。

在婴儿时，你看到蟒蛇爬过，你根本不会害怕，甚至于想跟它玩。直到有一天妈妈在你的大脑灌输了"蟒蛇危险"的讯息后，你才开始怕蟒蛇。一切的情绪，包括恐惧、愤怒、自卑，等等，都是思想下的产品。

这样看起来，解决痛苦的曙光已现。似乎人们不再需要费神费心地去求财、求势、求爱、或者改善外境，只要摘除思想就能自动解决痛苦。答案似乎简单到令人狐疑不解，但事实的确是如此。只要找到方法放下大脑中凌乱无序的思想，痛苦自然烟消云散。

此刻，对于这个解决方案，相信你会提出一些质疑，我来试着一一解答。

问题一：我怎么能够没有思想呢？没有思想我们不就不存在了吗？

答案：其实思想是复杂而且多层次的，所谓的拿掉的思想，其实只是思想中创造痛苦的负面部分。它包括：

　　□ 一切负面的情绪，例如说：感受担忧、恐惧、痛苦

　　□ 一切负面的思维，例如说：觉得工作能力不够、忌妒

　　□ 一切负面的行为，例如说：暴饮暴食

　　问题二：我如何移除不必要的负面思想呢？

　　多数人移除思想凭借的唯一工具，其实无它，仍然还是思想。但你必须理解一个重要的观念："思想无法改造思想"。

　　思想建构在生命中所有累积的经验，所以思想运作仰赖的资源，仅是局限在既往的经验而已。既然经验就是创造痛苦的罪源，而人们却希望用"创造痛苦的经验"去修正"创造痛苦的思想"，这种修正机制显然是矛盾的；这等同于要求有问题的思想身兼二职，既要身为"被改造者"，又要身为"改造者"，这个跛脚模式根本无效。它有点像是用风扇在船上吹着风帆，不管风扇怎么狂吹风帆，都无法催速帆船，因为它违反物理力学。

　　这解答了为什么许多人面对思想障碍时，不管如何努力地运用正念正语，或者对神发誓，都无法排除或改造思想。爱因斯坦也曾说过："停留在产生问题的同一个思想层次，试图去解决问题，根本无法解决问题。"

问题三：如果"思想结构"无法改造"思想"，那谁能改造思想？

原则上请理解，"思想"无法改造"思想"。如果要改造思想，必须另寻思想以外的工具去运作执行，才能达到效果。

此刻你会疑惑："思想不就是思想吗？思想以外，还有其他形态的意识吗？什么是思想以外的工具？"人们有这个疑问，是因为对思想的认知不清或者定义不明。

思想其实极度错综复杂，而且是多层次的。大部分人在谈的思想，其实只是总体意识中浅层的思想或者是思考逻辑意识，它是大脑在 β 脑波下的神经活动，掌管理性分析与逻辑。但是多数人不知道在总体意识的更深层，存在着潜意识——它掌管生命中绝大部分的情绪、习惯与行动。

当思想有了问题时，这个问题的根源，多数不是在表层的理性意识部分，而是在深层的潜意识。

如果你想有效地处理思想问题，你绝对无法依赖表层理性意识去转化潜意识内的错误信息，潜意识不会轻易地接受理性意识的建言；你更不能要求潜意识自我转化，因为潜意识运作的特质就是孤芳自赏、自弹自唱。

以上文字解读了如果想要转化潜意识，必须借由思想以外的方法。提示转化潜意识的方法是这本有声书的核心目的。

第六型：因果逻辑型

18 世纪发展了一种生命哲学叫作"决定论"，"决定论"相信世界许多现象间存在因果关系。很多人面对痛苦困境时，会利用理性下的因果逻辑去判断分析痛苦成因。

用直白一点的话来说，"因果逻辑"就是"为什么？"

人们只要发现两个事件一前一后连续发生时，会习惯性地将两种事件联想在一起，前面的事件是因，后面的事件是果。如果套用公式，就是："因为 A，所以 B"。例如，因为先生不爱我，所以我痛苦；因为孩子不孝顺我，所以我悲伤；因为老板不支持我，所以我工作失败。

人们经常用"因果论"去找寻痛苦的原因，然后针对他们所相信的原因去改善。但他们经常发现"理性思考"无法找到真正的原因，也无法有效地改善痛苦。

为什么呢？我举些例子来说明。

有个警察进入一个凶杀案现场，看到地上一名女子倒在血泊中，身上被捅了几十刀。警察同时看到有一个面目狰狞的男人手持凶器，刀上正滴着鲜血，身上也沾满了鲜血。

我经常拿这个案例在课堂上与学生讨论，我问学生："这个男人是凶手吗？"每一次所有的学生都回答："不一定。"为什么不一定？

我有一位朋友是虔诚的基督教徒，每当他面临困境时，会向神祷告祈求协助。在某一个炙热的正午，他正准备指挥乐团参加全国军乐大赛，当天炙热的天气使他无法发挥他的指挥能力。他开始低头祷告，祈求上帝降雨消热。据这个朋友声称，上帝应允了他的祈求，当时他祷告后立刻下了倾盆大雨。

我一直没问他一个问题："那天路上的行人带伞了吗？"

再讲一个科学研究上的案例。

在一个科学研究中，一群白老鼠被饲养在一个刻意设计的封闭实验空间中，白老鼠们历代居住于此，并不知道实验的存在。每天的食物来自于一个小孔洞，在喂食时，实验者会隐密地将食物定时由孔洞送入老鼠笼中，食物送入前喂食者会敲出铃声。每当白老鼠听到铃声时，都会群聚在孔洞前等待食物掉落。

实验者当然对实验了然于胸，知道铃声与食物间并无因果关系，但白老鼠不如此想。如果白老鼠社会中有科学家存在，它们会如此写下科学知识："有了铃声才有食物,铃声是创造食物的因。"其实促成老鼠认定的"因果联结",不是铃声,而是实验者,但老鼠毫不知情。

老鼠思维下的因果论与真相无关,它只是白老鼠意识下的联想而已。

所以有些哲学家,像是苏格兰哲学家大卫·休谟(David Hume,1711年-1776年),他根本不接受"因果论"。一则是因为休谟认为生命各个现象间是分立的,并没有什么必然的因果关系;另一则是休谟主张,"理性思考"无法断论生命现象,因为人性的思考只是以"人本位"为出发点的想法,它缺乏任何形式的理性基础可以证实这样的能力。

此外,他认为就算是生命现象间有因果关系,我们也没有能力观察到对象间真实的关联。

我们经常借由因果论判断痛苦的根源,但得不到真相。你有过这种经验吗?

有极大的可能,其实我们也如同实验中的白老鼠般,只能透过鼠笼解读这个世界。自始至终,老鼠的解答不会是真相,但老鼠知道吗? 面对生命,我们只有站在更高的纬度,附加超越思想的深层智慧，才有可能性去理解生命的真相。

> 面对种种生命现象，我会秉持"不可知论"，不轻易用我"有限的生命经验"与"理性下的因果逻辑"去判定生命真相。当我对某个现象无知或一知半解时，我不会轻易地建立因果论，也不会跳入结论，因为它极可能导致错误的判断与行动，也会令我失掉更接近真相的机会。
>
> 我喜欢在真相未清晰之前，保持高度的客观、好奇心、探究心与柔软度；我会把接收到的信息暂时存放在心中的小小图书馆里，静待水清鱼现。

第七型：心灵鸡汤型

心灵失序的人想从别人那里得到启蒙

有一些人面对心灵失序时，会怀疑自己是否有能力去理解真相，他们总是想从别人那里获得启蒙。他们会积极参加一些心灵成长课程，寻求上师的教诲，或者在心灵书籍中吸取知识，然后利用这些"西天取到的经典"去调适心灵。

强烈的企图心经常会促成美好的结果，例如像是学习操作计算机，或者制作会计报表。只要当事人愿意努力，通常会做得很好。但面对顽抗难解的心灵课题，结果并非如此。人们在高企图心下对提升心灵所做的一切努力，经常石沉大海，问题依旧；或者仅仅是短期有效，最终故态复萌。许多人重复经历失败后，每一次失败的经验为他们创造更多的痛苦。

心理疗愈的过程经常充斥着假象与陷阱

我认识一些心灵痛苦的人，他们一直愿意积极地去经验各种不同提升心灵的方法，但他们多数都经历过重复失败的窘境。

举个例子来解释这个现象。

我认识一位小姐，第一次见到她的时候脸上带着明显的忧伤。在言谈中，她告诉我她已经参加了十几种心灵教育课程；她可以滔滔不绝地将许多心灵知识如数家珍说出来。虽然经历了如此多的教育，但她仍然忧伤不断、思绪凌乱、夜夜失眠。

我相信她所经验的心灵教育不尽然全是不好的，但为什么她无法借由课程转化她的心灵？问题不一定在课程，而在当事人。心因为理疗愈的过程经常充斥着一些假象与陷阱。

我们在前面提过，潜意识才是痛苦的本源。在课程中当事人的理性意识很想改变，但他们内在的潜意识还未准备好。当他们使用的方法只能在表层的意识层面强调"假性的正念"时，意识层面的强化不一定能转化潜意识中的错误信息与机制。在这种情况下，他们无论使用任何方法都可能无效，或者效果不能持久。

举宽恕为例。

很多人无法宽恕别人对他的伤害。面对别人的伤害，他会愤怒，并给予对等的报复。这种对应的报复心态也许会成功地惩罚对方，造成对方的对等痛苦，但报复并非良策，因为多数的报复最终伤人伤己。当他意识到报复并非良策时，他会想到学习宽恕。宽恕的确是一个利人利己的好美德。

为了学会宽恕，他会去参加训练宽恕的课程，也会去仔细研讨宽恕的各种方法。当经历了宽恕教育后，他痛下决心，决定开始宽恕别人，他会对伤害他的人说："我原谅你。"但经过了一段时间之后，他故态复萌，再也无法宽恕别人，宽恕课程中学的任何一招都用不上。

让我们一起来思考一下宽恕的本质。宽恕真的是宽恕吗？还是它只是在情绪压制下理性的认同而已？

如果宽恕只是"理性下对愤怒的压制"或者"对错误勉强的接受"，那宽恕在本质上是条件式的。既然宽恕只是条件下的宽恕，或者只是暂时性的压制愤怒，那情绪再度失控是迟早的结局。

有没有比宽恕更高层次的心灵模式？

有的，那就是当你面对他人的错误时，在爱与仁慈的心念下，你自然地会放下批判，愿意无条件的接受错误。"接受错误"不代表"认同错误"。当你在爱心下无条件地接受错误时，你将不会有任何情绪与压制的必要。因此，宽恕就变得是多余的。

某天，我与我的学生同时在街上等出租车，她要去火车站而我要回家，两人不同路。一辆出租车停在我们前面，我告诉她说："你先上车吧！"她说："没关系，老师您请"。我坚持说："你怀孕在身，当然你先上车，"但她仍坚持。我眼看车子在等不好意思，我就坐上了车。

才刚上车，司机先生不悦地说："先生，你太没有礼貌了，怎么没有先礼让有身孕的女士？"此刻，我心里跳出两种回应；一种是责怪他不明情理、胡说八道；另一种是淡然处之。当时我选择了后者。我说："先生，谢谢你告诉我，你说得很对，男士应该礼让女士。"

我说完后他的音调明显地激奋高昂起来，响应我说："对啊！

现在许多人太没有礼貌了，我昨天才对几个年轻人说过同样的话。"
然后整趟车程司机一直滔滔不绝地说着他对社会的看法。最后在我
下车时，他亲切温柔地对我说："谢谢你"。

我大可名正言顺地选择第一种对抗模式，告诉他唐突愚蠢。但
在平静心念下，我自然地选择了无条件的接受，甚至连宽恕的心念
都没有。相信在那短短五分钟车程里，辩论只能带来双方的对立与
情绪，而无条件的接受反而能促成对方更多的平静与爱。

宁静与爱是化解矛盾冲突的秘密，而不是宽恕。

相信许多读者都曾看过法国浪漫主义作家维克多·雨果（Victor
Hugo 1802 年 - 1885 年）在 1861 年著作的《悲惨世界》。

在著作中，主角冉阿让（Jean Valjean）在假释后走头无路，被
教会收留。他因偷窃银器在逃亡时被捕。当警察押送他回教堂与神
父对质时，神父不但没有指责冉阿让偷窃，反而在警察面前为他圆谎，
告诉警察说银器是他送给冉阿让的。

神父面对冉阿让偷窃所呈现的心念，是"有条件的宽恕"还是"无
条件的接受"呢？压抑情绪的宽恕是人性的爱，而无条件的宽恕却
是神性的仁慈。但人情之常，宽恕对一般人都已很难，又如何能够
建立"错误并非错误"的心灵特质呢？

一般心念能转化为潜意识吗？

面对心灵提升的期望，有些人会去书店在心灵书堆中找寻调适心灵的箴言，像是畅销书，《秘密》《宽恕 12 招》《潜意识的力量》或《与神对话》，等等。

《秘密》这本书谈的，是一群历史上成功的人他们所共同拥有的成功秘密。

这个"秘密"就是：

几乎每一个成功的人都拥有异于常人的强大心念，在这个心想事成的强大心念下，他们在进行工作前，已经知道他们必定能完成心里想要完成的目标了。甚至于他们在还没有开始工作前，就已经强烈地感受到成功后的喜悦了。

他们这种先发的成功心念，或者天生拥有，或者后天习得，但多数属于前者。

成功者的成功绝非偶然，因为他们拥有常人无法体会的心灵机制。他们内在强大的心念，能够直接对潜意识输入心里想要成就的目标，令潜意识相信并接受这个讯息，促成潜意识启动它内在强大的资源、能量与智慧，去执行并完成这个指令。

但我问过至少二十位看过《秘密》的人，他们都曾尝试将书里提示的秘密施用在生活行动中，但成功的概率连 10% 都没有。

其实，不是《秘密》里谈的"秘密"不对，而是书中所提示的"成功者的心念"与"一般人的心念"不同。一般人的心念杂乱，能量不足或不纯净，当他们口里对着潜意识诉说期望，心里也想着成功的 3D 图像时，他们的潜意识却煞风景地抛出"No"的声音，坚决又肯定地告诉他："这是不可能的"。

心念的表相可以模仿，但无法促成真正的心灵转化，这个现象有点像学习打高尔夫球。你可以看百遍千遍老虎伍兹（Tiger Woods）的神奇挥杆，也可以冥想如老虎伍兹般，用一号木杆大力一挥，"咻"的一声，平稳地将球打到了 350 码外的果岭上。但多数人依样画葫芦挥杆，却仅在地上挖了一个大坑。

请自我检视一下自己内在的心念素质，如果你的心念建立在以下条件，那你用所谓的"正念正语"去转化潜意识的成功概率不高：

☐ 心念建立在背诵的知识上

☐ 心念建立在理性上认同

☐ 心念建立在压制性的行为转变

☐ 心念传送到潜意识的同时，心里存在会失败的怀疑

只有扎实地对潜意识输入潜意识可接受的"强大无怀疑的正向正念"，才可能触动潜意识改变，才有机会创造心想事成的美质生命。

第八型：专业求助型

在现代各族群中，高频率的心理或精神障碍比比皆是。美国 2003 年 "美国总统心理健康新自由委员会报告" 指出，忧郁症类的心理疾病已取代癌症或心脏病，变成重大疾病主因。

存在心理或精神障碍的人在面对心灵问题时，会考虑找寻心理医师咨商求助。由于心灵议题错综复杂与难解，促成心理疗愈的理论众说纷纭。纷纭的治疗理论产生了许多不同的心理治疗方法。

20 世纪初，奥地利精神病学家西格蒙德·弗洛伊德（Sigmund Freud，1856 年—1939 年）创立了精神分析学（Psychoanalysis），被世人誉为精神分析之父。二战结束后，这门心灵科学在欧美蓬勃发展，成为精神医疗主流。

弗洛伊德的精神分析理论认定潜意识与心灵问题存在因果关联性。他认为精神疾病的病因多存在于童年记忆，既往的创伤会导致心理障碍。他相信只要引导病人找到他们潜意识中被遗忘的障碍源头，并协助病人知觉或重演障碍源头后，就会有效清理掉心理创伤。

弗洛伊德的学生卡尔·古斯塔夫·荣格（Carl Gustav Jung，1875 年－1961 年）也是心理学鼻祖之一，他发展出 "荣格心理学"。荣格认为人的心灵包含有意识自我与无意识两大部分。有意识的自我只是整体心灵的一小部分，无意识才更具影响力。如果有意识的自我与无意识相互矛盾无法整合，则会产生精神病的症状，例如恐惧症或忧郁症。

荣格利用分析无意识中的某些特性去解决心理障碍。他考证过数以万计的梦，解析梦是荣格常用的方法。他相信梦是潜意识的外在橱窗，借由梦去深入并转化潜意识，会是心灵疗愈的快捷方式。

心理医师运用精神分析法追溯精神病患创伤源头，常需进行许多次的治疗。这些治疗对有些个案有效，有些个案效果不佳，有些个案则完全失败。

弗洛伊德与荣格的理论也许正确，但潜意识内庞大的铭印海中，储存的信念极度地错综复杂，并且难解。对部分案例来说，医师如仅凭借当事人提示的生命历史，在庞大深暗的铭印海中去苦搜障碍源头，会像是深海捞针。

近四十年，精神药物疗法能有效地减轻患者部分症状，然而仍然有很多精神病患虽然药量加重，仍得不到有效的帮助。此外，大多数药品的疗效也仍未完全获得肯定。

面临相对费时与低疗效的心灵障碍治愈率，心灵障碍者该何去何从呢？

"潜意识对话 DIY"的特色

与精神分析法相比较，"潜意识对话 DIY"也是直接面对潜意识，但不同的是：

■ 引导使用者的身心灵进入深沉的放松平静

"潜意识对话 DIY"可协助使用者的身心灵进入深层的放松平静。它在此方面的成效，比多数人在静心时的深度更深。

"潜意思对话 DIY"所促成身心灵的深度放松与平静，对有心理障碍的人来说，已呈现某种程度的疗效。

■ 对潜意识植入"学习框架"和"转化指令"

"潜意识对话 DIY"直接对潜意识植入"学习框架"与"转化指令"。这些植入的口令对潜意识的调节机制，是直接转化潜意识内在触动情绪、习惯与行为的"负面信息"，所以它的运作模式比较偏向整体性的处理，而非一对一的单解。

■ "Do It Yourself"

"潜意识对话 DIY"使用者可自行"Do It Yourself"。

第九型：灵性修行型

在过去的 20 余年中，有一种对应宗教的心灵意识革命，被统称为"新神秘主义"。

当一些人发现宗教信仰无法帮助他们解答生命真相时，他们会开始透过某些灵异经验，像是濒死经验、灵魂出窍、催眠、观落阴或灵媒等，去觉知另一个世界或是神，去查证灵魂永存的事实。

"新神秘主义"的主张与宗教信仰不尽相同。它相信死后并无神的审判或者地狱，相信灵体必定永生、轮回存在，也相信轮回是促成心灵质量提升的必要路径。

近年来，"新神秘主义"已变成社会普罗大众的新宠，只要看到濒死经验、灵魂学与前世今生这类书籍，经常摆在书店耀眼处就知道了。在西方，"新神秘主义"渐增的接受性可从民调结果中清晰地显示出来。

就算是"新神秘主义"渐趋热门，但值得提问的是："新神秘主义中传播的信仰真能够帮助痛苦的人们纾解内在的伤痛吗？"

如果人们真实接受新神秘主义下美妙的死后世界，那人们理所当然能纾解生命的痛苦与面对死亡的恐惧，不是吗？但事实上我所见到的并非如此。许多相信新神秘主义的人并未能纾解内在困苦，为什么？

它的原因与宗教徒面对的议题相当。因为他们对死后世界并非"知道"，而只是"不坚定的相信"，或只是"理智上的认同"。当带着怀疑的心念勉强去相信新神秘主义，就不能有效纾解生命苦痛。

要真正纾解痛苦，要能够由"相信"转化为"知道"。要转化心念并无他法，唯一的方法要从静心的内观着手，先学习在静心中去转化焦虑的心念；当心念宁静如无波的潭面明镜般时，真相即可能自然地浮现。静心只是心灵宁静下的内观过程，它绝非宗教。

综观上述脱苦方法之结论

综观上述十种对多数人效果不彰的脱苦方法后，我想与读者一起检讨另类的脱苦对策。

首先，我想提出二个建言。

建言一：放下手上无用的方法

人们有一个迷思，当使用某个缓解痛苦方法效果不佳时，仍会坚持老方法，而不知道实时放下它，去勇敢地尝试其他地方法。

就面对生命状况的应变能力来说，人类不如蚂蚁与蜘蛛，它们面对生命现象的应变能力比人类优秀多了。

当蚂蚁发现引导行进路线的蚁酸被截断时，它不会原地踏步，它会勇于尝试其他路径，直到重新找回蚁酸讯息。当蜘蛛发现所结的网破掉时，它不会抱怨，呼天抢地地问"是谁？"或者"为什么？"它会立即织补破网。

放下手上无用的方法，就如同放掉水中正在漏气的救生筏，虽然需要一些勇气，但却是必要的。只有放下才有取得。

建言二：请勇敢仔细地面对与观察痛苦

如果我们真地很想处理痛苦，那第一步就不是病急乱投医，慌乱地寻求一些效果不佳的方法去纾解痛苦。多数人都有过这类经验。医师知道治疗疾病首要的是先找出病因，并了解病因，而非胡乱下药。

因此往下，我们要探讨生命中各类痛苦的本质、成因，与讨论如何纾解痛苦。希望读者能通过这些讨论，对痛苦现象能有更深层的了解，进而促成您未来的生活更能平静喜悦，并充满了自由智慧的创造力。

SUBCONSCIOUSNESS

> > > 与潜意识对话

CHAPTER 2

分享

SHARE

2.0　如何智慧地面对生命？

要静下心来，在宁静的心中去觉知生命的真相，而不要在外在问题的池沼中打转。

What is the question ?

有一位智者将要往生了，气管正插着呼吸辅助器，有一口气没一口气地躺在病床上。床边有一大群徒弟都带着忧郁的神情围绕在智者身边。他们害怕，害怕智者离开以后，不会再有人帮助他们解答生命的困惑。他们很想在智者往生前问几个心中困扰的问题，却又不敢提出。

终于，一位门徒鼓起勇气询问智者说：

"都是徒弟的错，在这个不恰当的时机问您问题。但您就要离开了，我们心中充满了困惑与恐惧，我们实在不能想象没有您的指导怎么过日子？我可以问您一个问题吗？"

徒弟问："师傅，What is the answer ？"

智者在呻吟中用低沉的声音反问门徒："What is the question ？"同时，智者抬起羸弱的手缓慢地指向窗外的月亮。

智者一直努力地教导学生要静下心来，在宁静的心中去觉知生命的真相，而不要在外在问题的池沼中打转。因为每一个外在问题的背后，永远会出现另一个新问题；在问题的平台上打转，永远无法彻底解决问题。

两种不同的人经历两种不同的人生

如果我们以快乐为前提来区分这世界上的人，那会发现两种不同的人经历两种不同的人生。

第一种人属于乐观派，觉得生命实在是美好，天天都开心微笑，希望能够活得愈长愈好，也希望下辈子能够再来。

另一种人属于悲观派，觉得生命不好，充满压力、恐惧与痛苦，一副苦瓜脸，感觉度日如年。他们经常会跳过对本世的关切，将希望投射在未来的"天国"或"西方极乐世界"。他们也会祷告下辈子绝对不要再回来。

有人曾说过："两种人看玫瑰花，两种不同的心情。一种人天生乐观，会看见玫瑰花的美，感觉很开心；另外一种人天生悲观，会看见玫瑰花的刺，感觉到恐惧与痛苦。"

为什么这两种人面对同样的生命情境，会有截然不同的感受？

思想无法找寻痛苦的原因

四种形态的痛苦

人们面对生命有四种形态的痛苦：

☐ 心灵内在的负面情绪；例如压力、恐惧、担忧、嫉妒、比较、愤怒等等

☐ 与周边人际关系不和谐

☐ 追求生命目标感觉无力

☐ 面对死亡的恐惧

思想找不到痛苦地成因

大部分的人面对痛苦，会用"思想"在外在环境中找寻促成痛苦的原因；例如像是财富不够，地位不高或者缺乏爱情，等等。但在理性或思考逻辑下，人们经常找不到真正的原因。或者自以为找到了原因，用尽许多方法去处理痛苦，发现效果不彰。为什么呢？

人们利用理性、思考逻辑或经验，在外在环境中寻找到的痛苦成因，多数仅是个人本位主义下拼凑出的假象。因此，人们依凭假性的因果论去处理痛苦，当然效果不彰。相信这种挫折许多人都经历过。

举些例子来说明。

我们面对一些情绪，经常不知道它们是怎么来的？我们不喜欢这些情绪，但想要避开却办不到。

例如像是"嫉妒"，人们不喜欢嫉妒，因为它会让你自卑、痛苦，并让你的人际关系变差。人们想放弃嫉妒改为赞美，但却做不到，因为它像呼吸一般自动运作。

当对应周边关系时，你会不由自主地去比较自己与别人的差别；在比较中，当你发现不如其他人时，你会不由自主地产生嫉妒心；譬如说，当你考了第二名的时候，你会讨厌第一名的人；当你穷的时候，你会讨厌有钱人；当你丑的时候，你会讨厌漂亮的人；当别人的工作成绩比你好的时候，表面上你会礼貌地恭喜、祝福他，但心里却讨厌他。

人们不断用思考逻辑去找寻引发嫉妒的成因，但不管如何努力却找不到。

又例如说愤怒。

大家都知道，愤怒极少促成好的结果，它会造成双方的痛苦，所以每一个人都不希望愤怒。但知道是一回事，每当事情临头，我们又开始愤怒，愤怒后又后悔痛苦，忙着道歉。我们为了避免愤怒，会去找寻愤怒的原因，也想控制愤怒，但似乎找不到原因。或者自以为找到原因，却也无法帮助在事件发生的当下控制愤怒。

我认识一位年轻女孩与父母关系不合，经常情绪失控与父母吵架。在我跟她讨论愤怒的缺点与情绪控制的必要性后，她当场颇有感动，也愿意开始控制情绪。为了强化她控制愤怒的动机，我当场建议她与我签下"愤怒控制合约"。合约内容约定，如果她未来一个月不生气，我将捐出一万元作为慈善捐款。她非常愿意，当场签了合约，但第二天清晨就在与父亲的吵架中破功了。

另外，也有个太太经常情绪失控与先生吵架，平均每天至少吵一次架。她与我分享吵架的缺点后，也愿意与我签订"愤怒控制合约"。一个月后她见我时，带着尴尬的表情问我："嘴巴不讲，心里生气算不算生气？"

再例如说爱情。

一对情侣在婚前双方爱到如胶似漆、山盟海誓、海枯石烂。在举行婚礼时，两人在牧师前，信誓旦旦要钟爱伴侣一生，虽不能同年同月同日生，但甘愿同年同月同日死。

而结果却是，婚礼的那一天是他们婚姻最美好的一天。从那一天起，他们双方间的爱与忍耐逐渐减少，而责怪与批判却渐渐增多。他们一直仍希望重拾旧爱，但却每况愈下，他们不知道原因出在哪里？

不知道痛苦哪里来的

我曾帮一对母女做心理咨询：小朋友 13 岁，脸上流露着呆滞无奈的神态。

我问她："我可以问你一个问题吗？"她迟疑了一会，然后说："好。"我问她："你可以说说你的快乐指数是多少吗？"

她思考了至少 30 秒，然后迟疑地说："7 或 8 吧！"

我看着她，再慢慢地问她："有超过 5 吗？"她瞬间眼泪夺眶而出。

我再问小朋友："你为什么不快乐？"她想了很久，才说："我不知道。"我问她："你有没有任何方法可以让自己快乐？"她毫不迟疑地告诉我说："不可能。"

我在事后自问：

☐ 为什么这么小的孩子已经开始痛苦了呢？

□ 为什么她竟然说不出痛苦的原因是什么?

□ 为什么这么小的孩子不相信生命可以快乐呢?

一位年轻、貌美、家世优裕的女孩,从国外念完书后回国。家人给她资金开了一家公司,自己做老板。从外人眼里来看,她很幸福。如果你要她在纸上写下不快乐的理由,相信她一条都写不出来。但是她一点都不快乐,甚至觉得活着无趣。

她告诉我她不知道为什么她不快乐,也不知道该做什么才能快乐,事实上她已经尝试过自杀。

我问她说:"如果天使给了你三个愿望,你会要什么?"她毫不迟疑地说:"我不要三个愿望,我只要一个就好,我要快乐。"为什么她拥有了一切,但她仍然痛苦呢?

打开痛苦的伤口检视痛苦的本质

人们很矛盾,很少人愿意在痛苦时真正仔细地面对与观察痛苦的本质。我们对痛苦太不熟悉了,我们对于它的认识都很肤浅、很抽象化,我们几乎不了解它的本质与根源。很少有人愿意把痛苦伤口上的绷带揭开,去仔细地观察痛苦。如果人们连痛苦是什么,或者怎么发生都不知道,那又如何知道去有效地面对解决呢?

但多数人宁愿如此，他们怕打开痛苦的伤口时会痛上加痛，所以他们干脆漠视痛苦的存在，把它掩埋在心灵深处，他们选择直接从外在世界中找寻快乐的伊甸园。但他们发现，永恒存在的痛苦，令所有外在索取的美食都变成馊水。

人们没有选择。

如果人们希望生命丰盛美好，就必须打开痛苦的伤口，去仔细检视痛苦的成因，然后才能对症下药，有效地处理痛苦。当痛苦被消除后，智慧、能量、自由、生命的洞见也会不请自来，外境的一切会变得淡如清水，而美好的生命会变得唾手可得。我们不妨试着换一个处理痛苦的模式："放弃从外境找寻原因，改成对内观照痛苦的本质与成因"。

2.1 揭开痛苦神秘的面纱

人们很矛盾，很少人愿意在痛苦时真正仔细地面对与观察痛苦的本质，我们对痛苦太不熟悉了。

创造痛苦恐惧的源头

闲事挂心头

宋朝的无门慧开禅师曾写过一首诗，提到人生美妙的情境，内容是："春有百花秋有月，夏有凉风冬有雪。若无闲事挂心头，便是人间好时节。"人生若没有闲事挂心头，那该有多好。

但人生不如意事十之八九，现代人有太多的闲事挂心头。现代的诗大体应该这样写："春有暴风秋有雨，夏有地震冬有霜，若有心事挂心头，便是人生悲情苦。"

大部分的人的确感觉到每天有许多闲事挂在心头，感觉到辛苦。

痛苦的两种源头："外在环境"与"内在环境"

追根究底，不管如何寻找，促成我们内在痛苦的源头，不外乎只有两种；一种是来自于"外在环境的冲击"，一种是来自于"内在的心绪"。

外在环境是意指我们身心灵以外的一切，它包括所拥有的物质水平、财富多寡、地位高低、名誉好坏、爱情有无、家庭幸福程度、关系和谐与否、工作成就与时运好坏，等等。

许多人会依凭外在环境的好坏来决定内在的心绪。当外在环境良好时，他们会感觉幸福快乐；当外在环境变差了，他们会感觉到恐惧与痛苦，会开始指控：一切痛苦都是外在环境不好所促成的。他们也会执持因果论，在外在环境中搜索痛苦的元凶。

例如，他们面对外运不佳时，会说：

☐ 因为时运不济，所以我赚的钱不够多，所以我不快乐。

☐ 因为老板偏心，所以我无法升迁，所以我不快乐。

☐ 因为老天无眼，所以生卜不孝的儿女，所以我不快乐。

☐ 因为上帝无义，所以天灾人祸，所以我不快乐。

☐ 因为人心险恶，所以小人连连，所以我不快乐。

当人们相信，他们的不快乐是"外在环境"所促成的时候，为了抒解痛苦，他们会努力地去改善外境，但多数人尝试改善外在环境后仍感到痛苦。

让我们此刻静下来，一起来思考这个现象。

人生不变的定律：无常

多数人会忽视上述实相，否定无常，他们会天真无邪地祈求外在环境一切美好。在这个理念下，他们面对问题的处理方式是：面对问题就去解决问题。当问题解决后，他会在祷告中再度祈求一切平安，希望问题不要再来了。

但一切总是事与愿违，就算你刚解决完一个问题，却发现另一个问题来了。外在环境一直是个变数，你根本无法掌握外在环境。你可以有把握地说，"我绝对有本领掌控我的婚姻、爱情、性、财富、地位"吗？

生命本来就充斥着一个接着一个的问题。

其实，生命中不断出现问题才是正常的，不出现问题反而是反常，但人们把真相弄反了。他们以为一切正常才是正常，但殊不知，其实不正常才是正常。

如果你一直将你的快乐，建立在零问题的梦幻世界里，认定问题是不正常的现象，而非正常生命本态；那你就只好失掉生命的主控权，听天由命，终身被问题绑架。你将永远不再会快乐，你再也无法做一只美丽的蝴蝶，能够自在的在美丽的花丛中飞舞。

对外境冲击不再有负面情绪

现在，让我们用智慧来思考一个另类解决方案。

解决方案如下：

首先，你必须先放下上述的迷思，承认外在环境的变动的确是无法被掌控的实体。

接着，当你面对外境冲击时，你得学习掌控内在的心念反应。

请想一下，如果你能够成功地借由"掌控内在的情绪"，去取代"对外境的依恋"，那外境不管如何变动，它的冲击就不再构成对你的威胁，那你又如何会不快乐呢？

并请设法理解：内在呈现的不快乐或者痛苦是实体吗？还是它并非实体，它充其量只不过是神经系统下的生化讯息而已。

举些例子说明。

面对物质：

如果你能掌控内在的物欲渴求，感觉有物质很好，没有物质也很好，那物质就不再构成创造痛苦的根源，快乐会自动浮现。

面对地位：

如果你能掌控内在的小我渴求，不管名片上印的角色是什么，高官达贵也好，升斗小民也好，你的心境都能波澜不惊时，宁静喜悦会不请自来。

面对关系：

如果你能掌控内在的寂寞、讨爱与比较，你会感觉有朋友很好，但没有朋友也很好，你并不感觉寂寞；如果你朋友做得好，你会祝福他，你没有想去比较什么；如果你的朋友做得不好，你会去帮助他。在对应关系无求的心念下，矛盾、对立或自卑当然不存在。

所以此刻，促成美好生命的秘密浮现了，这个秘密就是："放下对外境的依恋"。的确，改变无常的外境不易，但改变思想是可行的。

当你内在新的思想意识不再介意或依赖外在环境的变动时，你会感受到恐惧、担忧与痛苦吗？那丰盛生命的企图将变得唾手可得。

现在，我们应该很高兴，对不对？有没有见到曙光？

往下，我们暂时放下对外境的讨论，将注意力聚焦在"内在痛苦的根源"。创造痛苦的主要根源无它，其实就是终日陪伴着我们的思想。往下，我们将讨论思想。

2.2　思想带来生命的痛苦

我们真正了解我们的思想吗?

它给我们的生命带来了什么?

小北极熊会冷

　　一只小北极熊看起来很担心,一直缠着熊妈妈想问问题。

　　熊妈妈很忙,但被缠得没办法,只好放下手边的工作。熊妈妈问小北极熊:"孩子,有什么问题让你担心呢?"小北极熊带着忧郁的音调问熊妈妈:"爸爸是北极熊吗?"熊妈妈听到这个有趣的问题都笑出声来,她对小北极熊说:"傻孩子,爸爸当然是北极熊。"

　　小北极熊听到这个回答,脸上看起来还是挺担忧的。小北极熊继续带着忧郁的音调问熊妈妈:"那爷爷是北极熊吗?"熊妈妈听到这个问题开始有一点不耐烦了,她对小北极熊说:"傻孩子,爷爷当然也是北极熊。"

　　小北极熊显然仍不能满意熊妈妈的答案,他说:"妈妈,我最后再问你一个问题,那爷爷的爸爸是北极熊吗?"熊妈妈听到这个问题笑得满地打滚,她对小北极熊说:"这还用说吗?爷爷的爸爸当然绝对是北极熊。"

她开始好奇地问小北极熊："你怎么问我这些傻问题呢？"小北极熊回答熊妈妈说："妈妈，我感觉好冷。"讲完后就带着一脸的忧伤无奈，走回到壁炉旁继续取暖。

小北极熊感觉好冷，但它除了忙着问问题外，不知道该怎么办？其实不只是小北极熊，许多感觉生命痛苦恐惧的人，又何尝不是如此？不断地问问题，找答案，但却一直无解。

思想是好人还是坏人？

我思，故我在。

勒内·笛卡儿（René Descartes, 1596 年 – 1650 年）

人的脑袋里一直有个东西天天与我们为伴，叫作思想。考古学家为人类取名智人"Homo Sapiens"影射人类独有的思想。思想在我们的大脑里像个老学究，成天讲三讲四的，指导我们"该如何这样""该如何那样"。

人们很自豪拥有这个超越万物的思想，也认定它是生命的罗盘、有益的盟友。人们相信思想的理性与逻辑架构，会帮助我们客观地分析眼前的事物，并提示我们找寻快乐幸福的正确答案。

> 但有趣的是，对于这个天天陪着我们的思想，我们极少注意它，我们对它既熟悉，又好陌生。我们真正了解我们的思想吗？它给我们的生命带来了什么？

各位记不记得看电影的时候，会听到在电影院里孩子问爸爸："爸爸，这个人是好人还是坏人？"我们可曾自问过："思想到底是好人，还是坏人？"

往下，我们开始深入探讨思想的特质，它是如何产生的，它给人们带来了什么？

我们了解思想吗？

思想上的错误从来就不曾远离我们，人们还往往把真理和错误混在一起去教人，而坚持的却是错误。

约翰·沃尔夫冈·冯·歌德（Johann Wolfgang von Goethe，1749 年 – 1832 年）

科学对于人类思想的理解，如果不是言过其实，可能仍处于幼儿园阶段。这不是科学的错，因为思想的确极度错综复杂，难以客观度量，人们始终无法一窥思想的全貌。

　　因此，我们不妨暂时放下繁多且仍在臆测阶段的心灵理论，换个角度，从观察解析"思想运作所带给我们的诸般生命现象"，来倒向观察思想的本质。

为什么思想经常让我们犯错？

　　几乎生命所有的行动都是思想所掌控的，我们可曾检讨这些行动对我们的生命有些什么影响？

　　人们喜爱钻石，并认同它代表尊贵与永恒美丽。人们花大钱购买钻石的理由，是真的因为它代言永恒美丽吗，还是它的背后隐藏着财富地位的宣言呢？

　　在审慎思维下促成的婚姻，并不比股市投资好多少。我相信多数人在与心爱伴侣踏上红毯前，会自认做过审慎的考虑，也坚信婚姻必定幸福美满。但是统计数字显示相反的结论；近年来50%至60%的婚姻以离婚收场。此外，剩下未离婚的50%的婚姻中，又有多少婚姻是幸福快乐的呢？

　　婚姻的成败永远跟思想有关。造成高频率婚姻失败的主因，是伴侣婚前不思考，还是思考错了呢？决定人类行为的思想中，有多少成分是真正理性的？为什么思考经常让我们犯错？

一百八十度对立的思想

如果有人告诉你："思想可以引导出真相"，这是个谎言，因为许多思想下的结论是180°对立的。

例如像是二元对立的"善"与"恶"。

人间有善有恶。对于人性的本质，思想家们有两种全然相反的说法；一派认为人性的本质具有仁慈的神性，所以"人性本善"；但另一派却认定人是野兽，所以"人性本恶"。到底真相是什么？

弗洛伊德是位大思考家。他相信"性"是天生自然的，一切生命现象都源自于"性"的冲动。但相反的，一些文化或宗教把性当作是非人性本源的，是罪恶的表征，所以必须被压抑控管。到底人类的"性"是演化论下动物正常的自然反射，还是它是宗教信仰下人性反常的堕落与罪恶？

到底哪个答案是对的？

如果思想引导的结论是对的，那为什么大思想家们会相互矛盾，说出一百八十度全然对立的见解呢？思想是怎么办到的？人们的思想必定出了问题。

读者们在这里闭上眼睛，假想两个情境。

第一个情境：

想象某天半夜你进入厨房时，看见一只大蟑螂正在享用你桌上的隔夜菜饭，我相信此刻你与蟑螂会各有念头。请教一下，你的念头与蟑螂的念头会一样吗？

大体上，你会感觉到恶心与愤怒。至于蟑螂的想法，请相信我的猜测，必定与你的想法大不同，它会觉得你是残暴恶毒的催命判官。

第二个情境：

想象你在乡下传统厕所上大号，正蹲在粪坑坑洞上的架板，进行对粪坑的奉献。如果你愿意强忍难闻的气味，鼓起勇气往下看，你会看到无数的蛆正在粪便中翻腾钻动。

这时你会怎么想？我猜你会感觉到恶心、厌恶，甚至于恐怖，想快速离开现场。

但请换一个角度，假想你是个靠着浇肥耕种的农夫。当你看见粪坑内万蛆钻动的情景时，你会怎么想？我猜你会欢喜地发现一大堆上好肥料呈现在你眼前。

此外，请再换个立场，想想这些蛆会怎么想？它们的想法会与你相同吗？

你与蛆同在思想，试问，谁的思想是真相呢？

人的思想，不过是在"自我本位"下所自定义的逻辑与游戏规则，它既不客观，也与真相无关，但每个人都会自觉自己的想法是唯一的真理，是吗？人思想下的真理都是自己带上墨镜的真理。除非你能理解这个道理，否则你的人生必定窒碍难行，永远偏离真理。

面对自己或别人的思想，为了安全起见，我们可不可以留意几件事情：

☐ 面对任何事件，能不能要求思想慢一点下结论呢？

☐ 能不能让自己的思想变得更柔软客观？

☐ 对于任何别人思想下所提示的结论，能不能不要在一知半解下，强用二分法说："我信"或者"我不信"呢？

☐ 能不能用更柔软客观的心念去看待别人的思想结论呢？

检讨学习知识的投资报酬率

学习知识的投资报酬率划算吗？

读书的目的是为了认识事物原理，为挑剔辩驳去读书是无聊的，但也不可过于迷信书本。求知的目的不是为了吹嘘炫耀，而应该是为了寻找真理，启迪智慧。

弗朗西斯·培根（Francis Bacon）

知识（包括科学知识在内）是思想下的产品。面对投资，人们会计算投资报酬率，但面对从小到大，投资了极多光阴与花费所学习到的知识，我们可曾计算过知识所带给我们的投资报酬率吗？这个投资划算吗？想不想认真地检讨一下？

检讨第一项：念了一大堆东西还记得几成？

我们在学习中为了应付考试，辛苦地背诵了一大堆的知识，只是我们可曾检讨过背诵的东西记住多少？

我曾经翻阅高中的课本，惊奇地发现，当年熬夜苦读的课文，至少七至八成都早已忘光了。它告诉我们什么？它表示父母数百万元的教育投资，约七至八成都泡汤了。如果背诵的东西最后仅余二至三成，那念书很有用吗？

撇开这个难看的投资报酬率不谈，孩子们辛苦熬夜念书的代价是什么？孩子们身体变差了、眼镜戴上了，原本可以快乐的童年也不快乐了。台湾半数的中学生不快乐与大量的知识学习而不是方法学习无关吗？

检讨第二项：学到的一大堆知识能帮助我们创新吗？

学习知识有三种不同的方法，而这三种方法会产生三种不同的结果。

第一种：字典型学习

这一种类型的人只会背诵，把自己变成了字典，但他不会运用学到的知识。其实如果只想找寻知识，查维基百科（Wikipedia）或者大英百科就好了，需要背诵吗？

知道几何圆周率（π）吗？它并非 3.14，这只是近似值；完整的圆周率是：

3.1415926535897932384626433832795028841
9716939937510582097494459230781640628620 89
9862803482534211706798214808651382306647

有人会傻到想背诵吗？也许你不想，但我知道有人可以完整地背下来。

第二种：鹦鹉型学习

有一些人很会学习知识，也能够运用这些知识在生活中。这种学习模式比字典型学习好些，至少他们没有浪费知识。但这种学习方式像一只鹦鹉学语，将自己变成了跟随别人的"二手知识信徒"。

知识都是已知的，也绝对是有限的，因为人类对这个大千世界知道得太少了。

但当鹦鹉型学习者相信并依赖他们学习到的知识时，有限的知识会制约他们的思考能力，局限他们的生命行动，令他们工作时墨守成规，缺乏创意。他们大多数是追随者，喜欢一辈子跟随别人，但他们喜欢如此。因为他们认定: 顺从安全的知识会保障安全的生命。

第三种: 创新型学习

但有少数人"学而非用"。他们开始学习时会努力地吸收知识，但当学习结束后，他们会舍得抛弃掉这些学到的知识。因为他们知道，有限的老知识会制约创造力，要想创造新东西，就得先抛弃旧东西。

我相信应该没有例外，至少在心意上所有的父母都喜欢儿女接受"创新型"的学习模式。如果是如此，那我们就得冷静地检视现今的教育。现代多数父母为儿女所安排的一切教育，不过是把孩子变成"字典"或者"鹦鹉"而已。

可能的原因只有两种；第一种原因是台湾的学生很笨，不会学习；另一种原因是台湾的教育很笨，不会教学生。请猜想原因是哪一种?

此外，台湾为什么只能发展为代工岛？而企业平均净利无法超越两位数的百分比？然而苹果计算机公司或 HP 公司却可以创造近四成左右的利润？

错误的知识对生命有多少影响呢？

知识就是力量？

在人生旅程中，我们总感觉到心慌，希望掌握一些东西来稳定我们不安的心灵；思想衍生的知识一直扮演令我们安心的浮木。在这个信念下，我们一直忙着从学校、书籍、科学家与专家那里拼命吸收知识，相信知识可以让生命更美好。对此点，苏格拉底与爱因斯坦的想法能与你的不同，因为他们都对知识存在保留的态度。

著名理论物理学家阿尔伯特·爱因斯坦（Albert Einstein）不认同这个说法，他批评"知识只是人到十八岁为止所累积的各种偏见"，苏格拉底（Socrates，公元前 469 年 - 公元前 399 年）对知识也有类似爱因斯坦的看法；他认为自己比其他人知道得多的地方，就是："他知道他的无知；而其他人一无所知，却自以为无所不知。"

我并没有否定知识，部分的应用知识是好的。人们需要仰赖技巧性的知识生存，像是操作计算机、盖房子、开车或炒出好菜，等等。但撇开维持生活需要的知识不谈，对于心灵面来说，多数的知识并没有带来什么好事。

包括科学知识在内，许多知识是错误的。错误的知识会促成错误的运用，而错误的运用可导致错误的生命内容。如果学习的烹饪知识错误，那没有什么大碍，它只是造成菜做得不好；但如果与心灵有关的知识错误，那对心灵的伤害就可能并非小事。

对这一点，我想与各位检讨一下。

历史中多数科学主流典范一直被推翻

很少人会去研究科学历史。如果你去研究它，你会惊奇地发现，历史中多数科学的主流典范一直被推翻，极少恒存。

最早亚里士多德（Aristotélēs，公元前 384 年－公元前 322 年）提倡地心论，他相信地球静止于宇宙中央，众星环绕。但随后尼古拉·哥白尼（Nicolaus Copernicus，1473 年－1543 年）的日心论，重新定位了地球与宇宙，将亚氏的地心论推下舞台。

地心论在被否定前，已被人们相信了一千多年。它虽助长了神学的发展，但对人类仍无伤大雅，人们最多只是把它当作是饭后的聊天话题。

约 400 年前，艾萨克·牛顿（Isaac Newton，1643 年 – 1727 年）发展出被供奉为经典的"万有引力定律"。在该定律在被牛顿发现后的几百年中，人们丝毫不怀疑牛顿的发现。尔后，爱因斯坦的相对论打破了这个圣像。他从光子移动现象中找到了万有引力定律的反例，证明了万有引力定律的错误。根据爱因斯坦的广义相对论，引力并不是力。

面对上述这些科学历史上不断被推翻的谬思，读者会如何想？这些谬思对人们会没有影响吗？

科学知识 99% 都是由假设构成的。科学习惯于串联假设，叠起一个假设天梯去寻找真相，这是一个危险的野心。如果科学家依恋既存的典范，用尽心思与手段去将研究导往心中既存的结论时，他将会不自觉地促使科学变成另类的宗教。

科学本身不会过度猜测，猜测是科学家的心态。

科学家在地球三维空间用五官意识觉知的实相，仍远不足以解读超越三维空间外的更大实相。科学更多地像是鱼缸中的金鱼，透过扭曲视觉的鱼缸解读鱼缸外的世界而已。人类感知的有限实相与宇宙真理无关。

> 我们对科学能达到的成就，不要存幻想，要保持客观。
>
> 马克思·普郎克（Max Karl Ernst Ludwig Planck，1858 年 – 1947 年）

有人说，如果你想要说一句可被接受的谎言，必须先说九十九句真话。但科学却得天独厚，有言论豁免权；套用句马克吐温（Mark Twain，1835 年 – 1910 年）说过的一句妙语：

"科学有一个很迷人的现象；对真相做一点点投资，可以得到一大缸的猜测。"

爱因斯坦（Albert Einstein，1879 年 – 1955 年）也曾评注现代科学："我在漫长一生中学会一件事，相较于真实的状况，所有的科学研究都显得十分原始和小儿科。"

科学如果想要创新，想要更接近真理，就必须忘记框限的既往知识与方法，用无约束的自由思考，或无限的直观想象去搜索未知。对此点，爱因斯坦、贝多芬、甚至于伽俐略，都会愿意举手赞成。

牛顿生前虽未能觉知万有引力定律的错误，但他曾谦虚地自述生命哲学："我不知道世人如何看我，但对我自己而言，我就像个在海边嬉戏游玩的小顽童，为偶尔发现的小石头或美丽的贝壳而感到欢喜，然而，我对我眼前伟大的真理海洋，仍一无所知。"

思想下的知识无法帮助我们避苦得乐

如果不包括实际生活需要的应用知识，人类思想所创造的知识，难道没有或多或少地创造我们生命的迷惑、灾难或痛苦吗？

如果你愿意相信部分知识是有问题的，那我们该如何察觉到知识错误呢？也许，一千页的专业书都无法圆满回答这个问题。

当我们面对生命议题时，基于方便的理由，我们会希望能够有简单的答案，帮助我们快速从麻烦中解套。但遗憾的是，认定问题有简单答案的建言是个骗局，是个思想上的迷思，这正是我们一再受骗的原因。

极其讽刺的是：连塘中笨傻的草履虫都知道行进中闪躲障碍物，尝试新方向，然而我们人类僵直扭曲的思想，却一直重复错误，无法帮助我们避苦得乐。为什么一再被认定客观、理智与逻辑的思想无法促成正向的生命行动？这个结论一直令人不解。要了解它，必须深入去分析它。

思想无法导引生命行动

思想为人类创造了什么心灵面的变动？

知识以功能区分成两种，一种是应用知识，另一种是心灵知识。

应用知识是必要的。我们仰赖它去面对生活各种需求；我们需要技术性知识去面对工作，像是设计建筑、制作会计、医疗疾病，等等；我们也需要基础的生活知识去面对日常生活，像是操作计算机、开汽车或者炒菜，等等。

心灵知识的重要性绝对超越应用知识。它帮助我们拥有健全的心灵，活在平静喜悦的氛围中，建立恰当的个性与道德观念，促成互动良好的社会关系，引导我们生命丰盛美好。

自孔子以往，人们都极度重视心灵的健全与提升；在孔子提倡儒学的二千五百年后，人们在心灵提升方面交出的成绩单如何呢？

人们从小就被教导心灵知识，这些教育来自于学校、父母、社会价值观、心灵书籍与宗教，等等。在这么多方面的心灵教育下，我们可曾检讨心灵教育的成效？综观历史，有感觉到任何灵性成长吗，还是每况愈下？

近 3000 年来，世界反复重演战争 5000 次。近百年来已发生两次世界大战，此外，零星战争在世界各处此彼起彼落，像是伊朗战争、越战、韩战，等等。战争带来许多人的死亡。

近百年来，整个世界对立分裂的状态不输春秋战国时代，这种分裂状态波及了几乎人类所有的层面，从国家、种族、肤色、团体组织、宗教、政治形态、经济形态的对立分裂，到人与社会、甚至于人们也与自己严重对立分裂。

譬如说：

☐ 我们理当忠于他人，但是我们经常背叛他人

☐ 我们理当孝顺父母，但是我们与父母对立

☐ 我们理当爱人，但是我们恨人多于爱人

☐ 我们理当要祝福他人，但是我们嫉妒他人

☐ 我们理当与别人和平共存，但是我们轻易地激起战斗

在现代，整个世界与个人均呈现病态的心灵冲突与分裂状态。我们可曾自问："为什么我们会变得如此不堪？"

思想下的知识无法促成生命行动

知识可以促成行为改变？

读者有没有发现一个有趣的矛盾：许多生命经验早已证明，知识无法促成生命行动。多数人认定"知识可以促成行为改变"的教育模式，是个错误模式。

举例来说：

☐ 知识教导你刷牙是保护牙齿的唯一良方，但你却刷牙草率

☐ 知识教导你必须控制食量，但你却不断地饮食失控

☐ 知识教导你愤怒不好，但你总是发怒

为什么知识无法促成行为改变？

很多人一直不理解这个矛盾，但它是事实。为什么呢？有两个原因可以解释。

其一：误把现象当方法

以孔子提倡的儒家思想为例。

孔子提倡的儒家思想的确是安定社会的必要元素。但是请了解，

他所提倡的这些心灵教条"忠、孝、仁、爱、信、义、和、平"，是美好的心灵属性，但并非是达成这些属性的方法。这个原因解读了为什么孔子 2500 年前就提倡了这么完美的心灵素质，然而人们全然无法学习，甚至于每况愈下。

现今的教育模式犯了一样的错误。学校或父母一直误把"现象"当"方法"，鼓励孩子拼命背诵这些教条，然而背诵的知识不易促成行为的改变。

举爱为例。我们都知道要去爱人。这个"爱"是方法，还是只是个"现象"？

不妨心里选一个你最爱的人，思考一下你对他的爱是学习来的吗？

父母都会爱着他们呱呱落地的婴儿，请想象一下，当父母抱着这个陌生小孩时，他们会害怕不知道该怎么爱他吗，会为了学习爱孩子去参加课程吗？

爱不是方法，它只是一个现象、一个存在、一种心灵自然涌现的心灵美质，所以爱无法被学习。当很多人不知道爱不能被学习，拼命地去学习的时候，他们会失望、颓丧，因为他发现他们怎么学都学不会。

其二：思想下的理性无法执行知识

再以爱为例。为什么人们学习"爱"会失败呢？当一个不懂得爱人的人决定去学习去爱人时，他的学习模式如下。

步骤一：吸收知识

他会先搜寻并研究"给予爱"的相关知识。

步骤二：改变思想

他在知识的研读中，发现"给爱"比"讨爱"是更有价值的心灵素质。他的思想开始被这个新知识影响而改变了看法。

步骤三：建立信仰

当他的理性重复研习这个信念，渐渐强烈到全然认同它时，他会在理性基础下建立一个的信仰："给予爱对生命是必然的"。

步骤四：改变态度

当"给予爱"的信仰建立后，这个信仰会说服他去改变既往"讨爱"的态度。

步骤五：促成行动

当他"讨爱"的心态转变为"给予爱"的心态后，他开始积极地在生活应对的关系中去执行"给予爱"的行动。

这个由学习知识起步的模式，是绝大多数的教育系统使用的教育模式。它看似理所当然，良好可行，但其实是失败的教育模式。因为理性下认同的知识或信仰，无法引导出行为的改变。请回想既往的生命经验是不是如此?

原因其实不难理解。

表层思想下的理性仅掌控生命约 20% 的行为。促成生命中 80% 的行为的源头,根本不是来自于理性,它来自于大脑更深层的潜意识。生命中的大部分行为是由潜意识跳过理性掌控的。当理性认同一些想法,希望促成行为改变时,只要深层的潜意识说"不",改变就无法发生。

潜意识全然没有是非对错观念,所以它不会轻易接受理性传输给它的期望,它只依照它的内在讯息(铭印)运作。潜意识认定是对的,它才会执行。它有它的想法,然而它的想法与理性的见解经常是格格不入的。

生命的角色上,理性貌似当朝的掌权重臣,但其实却只是被冷落在后宫的宫妃。理性所想要做的,多数都可能被潜意识否定掉。矛盾对立的理性与潜意识会促成人们"知而不行",知道该去做,但却无法执行。

这个心灵现象,解读了为什么表层思想下的理性所引发的正念或意志力,不一定能促成行为改变,因为多数的正念无法促成潜意识改变。

再举愤怒的例子来说明。

有个人脾气不好，想学习控制脾气，因此他去参加了控制愤怒的课程。课程中老师讲了脾气不好的 20 个缺点，并且教导他控制脾气的 30 种方法。他听了以后完全被说服，决定要认真控制脾气。为了强化他的企图心，他还在书房案头墙上贴了写着"要永远微笑"的宣誓纸片。

回去后一个月内，当别人令他生气时，他虽然知道愤怒不好，但仍内在怒火中烧；因此他努力地一边压抑愤怒，一边在心里默念着老师教导的愤怒控制教条。不断压制愤怒的结果呢？某一天当压制到达临界点时，被压制的愤怒如猛虎出栅，程度比平常严重十倍。

愤怒的改善无法建立在理性的理解上，掌控脾气的潜意识会自顾自的，该让你发怒就让你发怒，它根本不会理睬你的理性诉求。

什么是真正成功的改变脾气？

当面对冲突时，你心里根本没有任何情绪可言，你只是像呼吸般，自然且无条件地接受它。这个过程即然没有情绪，就没有控制的需要。

在生命中，每一个人都尝试过努力地排除不喜欢负面情绪、心念或行为，像是嫉妒、竞争心、暴力、贪念，等等，但回想一下，你真的能够摆脱那些不好的念头，跟它们说再见吗？多数最终都是破功的假改变。

例如说，许多年前别人骂你的事件早已消散了，但你的大脑却经常像回放电影般，让它重复地在脑海中再现，令你感到屈辱。明明几年前淹没你家的水灾早已是过去式，然而你的内在却不时重演这个水灾，让你经常感受到类似泰坦尼克号沉船时剧中角色死前的恐惧。

思想也喜欢让你挂心未来。明明身体健康，但却总担忧会生病；明明活得好好的，却总是恐惧遥远的死亡。过多对未来的担忧，让你对当下失焦，耗费了欣赏美丽人生的能量，让你经常陷入无名的恐惧。

"意志力"只是思想的衍生物

当我们了解了思想的真正面貌时，我们对它又爱又恨。爱的是它会提供我们生存必需的行动指南，恨的是它会为我们创造各类负面情绪、习惯与行动。因此，我们会开始对自己说："我要学习控制那些不好的念头，保留住一些好的念头。"

这个企图心很好。但请自问一个问题："当我想改造思想中负面的部分，我该使用什么工具呢？"

多数人会说："我知道，我用意志力去改造思想。"

请你暂时不要行动，再问自己一个问题：什么是"我的意志力"？所谓"我的意志力"，仍是那个换汤不换药，想要瘦身或控制愤怒所用的念力吗？仍是那个看完畅销书《秘密》而学得的意志力吗？

如果答案是"是呀！"那你想改造思想的企图仍会失败。

追根究底，对多数人来说，"意志力"还是思想的衍生物。用思想下的"意志力"去控制思想，是个跛脚的循环论证模式，它的运作仍在思想的范畴内打转，不易达成目标。

经由上述讨论，我们开始了解，而想要透过控制思想，进而主宰生命，有效的方法不是任何在思想下衍生的方法，而是我们将讨论转化潜意识的"非思想性方法"。

思想到底是什么？

思想是如何产生的？

当你检讨思想为你促成的生命现象后，是不是开始对"思想"

有了不一样的认知？这个认知很好，它将带动你在心灵提升的路上，前进一大步。

往下，我们将讨论思想的本质与运作模式。

第一个要了解的是思想的来源。

我们一直把思想的存在当作是理所当然的，很少有人真正去探讨思想是如何产生的？例如说，它是人们生下来就拥有的？还是它是外来的呢？

请回忆到刚出生时，你睁开眼睛看着这个世界的时候，你的思想存在吗？在那个时候，你只能在无意识下，好奇地看着世界的一切，但你无法思考，因为你的大脑中，除了遗传基的知识、经验、回忆、哲学与信仰慢慢进入你的大脑后，这些的外来累加的一切，就创造了你的思想。

如果你怀疑这一点，不妨内观你的思想，你能找出任何思想是天生拥有的吗？如果没有，那你的思想就并非原创，而是外来的，它是你后天学习的信息与累加的生命经验堆积而成的。

"思想" 会创造出一个 "思想者"

当思想在大脑中被建立起来后，这个 "思想" 会自动地创造出一个"思想者",因为思想必须依附于思想者才可能运作。这就好比在外星生物电影中,外星生物必须依附在一个寄主内才可以生存。

当思想存在思想者的大脑里时,这个思想就叫作"我",在心理学中叫作"小我"(Ego)。

让我们再复习一下这个"小我"的构架中包括些什么:

☐ 学习到的知识

☐ 生命历史中累积的经验

☐ 生命历史中累积的回忆与与相关情绪

☐ 学习到的教条、人生观与信仰

☐ 生命中所扮演的"角色",像是教授、企业家、牛肉面店老板

当思想者被思想创造出来后,思想者会感觉拥有"小我"像拥有重要的财产。拥有的心念会令思想者不由自主地去热爱、保护、滋养与壮大"小我"。

当"小我"知道这个"思想者"爱它的时候,它会借由这个优势,变得像是一个骄纵讨爱的内在婴儿,要求"思想者"为他做更多的事情,"思想者"对"小我"的要求完全无法拒绝。

"小我"会要求你做什么？

思想所创造的"小我"会要求你做许多的事情，对于它的要求，你会毫不犹豫地接受。"小我"会要求你做些什么？列举如下。

"小我"喜欢你把它放在你生命的中间

"小我"喜欢你把它放在你生命的中间。当你同意把它放在中心位置时，你只好把别人放在旁边。这种现象对你而言，称为"自我感觉良好"，在心理学叫作"自我中心"，在别人眼中叫作"自私"。

"小我"喜欢你把它放在你生命的中间。当你同意把它放在中心位置时，你只好把别人放在旁边。"小我"为了要你彰显它的重要性，不希望你过分关切别人。它要你讲话时一定要由"我"开头，像是"我认为、我相信、我要、或者我喜欢"。当别人讲话的时候，它希望你随时打断别人的谈话，因为它有许多的话要说。

"小我"喜欢金钱物质

"小我"喜欢金钱物质。因为财富会带给它生命享受、安全，让它感觉高人一等，让它能获得别人的尊重。

为了让你去赚取更多的钱，"小我"不惜叫你牺牲健康与青春。为了怕你怠惰，不愿意执行这个指令，它会不管你同意与否，不断地输送"赚钱指令"到你的大脑中，让你无法停止赚钱；就算赚够够用一辈子了，它都不会让你去停下来。

"小我"喜欢"角色"

在我们很小很小的时候，脑袋里的东西不多，我们什么都不是，我们既不是医师，也不是科学家，心中充满了无限的自由。

但渐渐的，自从生命经验、学校教育、文化、专家建言等讯息塞入我们的脑袋后，这些讯息构成了一个"小我"。"小我"会要求你不计一切地去找寻一个高高在上的"角色"，因为"小我"喜欢权利地位带给它的尊贵。

当你认同这个经验回忆所滋养的"小我"时，"小我"会扮演当权弄臣，积极地将你变成电影演员或是某种角色，让你真的相信你就是律师、医师、政治家、俊男美女或者教授，等等。

它的做法既简单，又有效。

在你小的时候，它会在你的潜意识中插入一个"角色芯片"，让你相信你天生就是某一种角色；它让你相信你扮演的"角色"不只是你的工作而已，它就是"你"。在芯片掌控下，你变成它的奴隶，你得用一辈子去捍卫那个角色。最终，真正的你就自然而然地消失了。你失去了去经历自己真正想过的生命。

不妨想一下，当有人叫你教授，你真的就是教授吗？还是你知道你并不是教授，那只是一个头衔。但为了要捍卫教授的角色，你得每天辛苦模仿教授的样子，穿得像教授，走路、讲话像教授。生气的时候，你心里想说"XXX"，但是基于捍卫角色的忠诚立场，你反而会说："谢谢你。"

角色文化在现代社会扎根极深。我曾经参加过某个国家的医学会，会中几乎所有的医师都千篇一律，穿着蓝色或灰色的西装，并用着相似的肢体语言会谈。

日本是个举世公认的守礼国家，国民的职场礼仪世界排序第一。但也惊奇他们下班后在地铁车厢中僵直无笑的疲倦表情。可曾听说过日本男性下班回家后做的第一件事是什么？是快速粗暴地拔下领带。日本自杀率曾经在世界排名第一，这个统计数字与角色文化有关吗？

这是一个"小我"至上的时代，似乎拥有了"角色"才能安身立命。父母给你取的名字不重要，重要的是名片上要清楚载明"你是谁"。

清楚的"角色宣言"会让你享受别人称呼你"张将军""李教授"或者是"王院长"。就算是你内在曾挣扎嘶喊，想拒绝角色主导的生命，但当"角色"正式在你的意识中诞生后，"真正的你"就仍得在随波逐流中宣告终结。

让我们模拟一个场景。

如果在真实的世界里你改变了角色，你不再是个教授，而是个面摊老板改卖牛肉面时，结果如何呢？

当你不能再发送印上教授字样的名片，当别人不再叫你是教授时，你能够坦然接受改卖牛肉面的事实吗？还是你仍打算摆个教授的样子呢？

不管你的生命如何发展，接受"角色就是我"的代价就是痛苦。原因很简单，因为你既不是教授，也不是卖牛肉面的。争取、维护或强化一个"不是你的你"，原本就是个艰难困苦的工作。

到底你希望还是不希望变作是个变形虫？

如果你执意坚持角色，你最终将会被"小我"拥有、控制与奴役，你会自动投入了"小我"的牢笼，终生不再自由，你将不得不接受角色下所拥有的各类角色情绪，像是愤恨、牢骚、痛苦、焦虑、优越感或者是自卑感，而终身无法解脱。你同意这个必然结果吗？

我们非得同意"小我"在心智中贴上角色标签吗？我们难道不能尽情自由地去做该做的一切，说该说的一切，而不必傻傻僵持地为虚幻的标签卖力吗？

分享
SHARE

"小我"需要爱

"小我"需要爱，因为爱能够滋养它，让它壮大。它让你变成了一个"讨爱的乞丐"，唆使你向周边的一切关系努力讨爱，它不介意你在讨爱的过程中造成的冲突。

"小我"会鼓励你只能爱它。因为当你去爱别人的时候，你将会不再注意到它的存在，甚至于你会去放弃它，这对它是个灾难，因为它就得自动消失了。所以，当你想要爱别人的时候，它会在你的心里投下否定票，对你说"No"，命令你不要爱别人，只能爱它。

"小我"喜爱"情绪"

"小我"最喜爱的就是"情绪"，例如快乐、痛苦、恐惧、担忧、嫉妒或寂寞，等等。"小我"像幼小的树苗，时时需要各种情绪养分滋养，让它存在与壮大。

"小我"是如此的依恋情绪。当你的情绪不足时，它会担心它成长过慢；当你没有情绪时，它就得消失了。

但它并不害怕，因为它有方法让你不断地存在情绪。它的方法是趁你在幼年不注意的时候，在你真空的脑袋里植入各类触发情绪的情绪芯片。这些芯片可以不断自动地、经常性地输送各类情绪到你的大脑中，让你情绪不断，你想拒绝它们都办不到。

"小我"讨厌当下

"小我"讨厌当下，它与当下势不两立。当"当下"存在时，"小我"就无法存在。请回想一下，当你留在当下的时候，思想能存在吗？所以，"小我"想尽办法要你对当下失焦，离开当下。

此外，"小我"喜欢将你的人生切割成过去、现在与未来，并在你的内在塞满一堆"过气的历史"与"梦幻的未来"。它一直鼓励你相信自己活在一个时间长轴上，站在长轴中心往后看，看到的是既往的生命历史，往前看，看到的是未知的未来。"小我"会给你错觉，促使你相信生命核心不是当下，而是过去与未来。

为了要你对当下失焦，它会在你的潜意识里面储存你的生命故事，也会不断地输送它们到你的脑海中，让你活在回忆中，并重复享受回忆中的种种情绪，让你变成电影《香草天空》（*Vanilla Sky*）中的汤姆·克鲁斯（Tom Cruise），让你活在《香草天空》的梦幻世界里。

我所看的电影中最能触发我深层心灵波动的电影，不是《蒂芙尼早餐》（*Breakfast at Tiffany's*）或《人鬼情未了》（*Ghost*），而是汤姆·克鲁斯的《香草天空》（*Vanilla Sky*）。

电影中汤姆·克鲁斯饰演一名花花公子戴维。被他抛弃的女朋友茱丽怀恨在心，驾车载着戴维冲下桥去，茱丽死了，他则重伤毁了容。车祸毁容后汤姆·克鲁斯痛苦到感觉活不下去，他到一家"美好梦境"公司，要求公司将他冰冻，并利用科技在他的思想中植入美好的梦境。冰冻后，他一直活在虚幻不实的梦境中，但他误以为仍在人间，过着幸福美好的生活。当某天他醒来后，才知道这一切只是南柯一梦。最终，他从高楼跳下结束了生命。

电影中的汤姆·克鲁斯主动选择活在虚幻不实的香草天空世界里，但许多人却被"小我"强迫沉陷在早已消失的回忆中。

其实不难知道，过去只是思维念头，只是心智上抽象虚幻的概念，它们并不存在。过去的早已消散了，剩下的是虚空的回忆而已。

但活在过去与未来的"小我"，会一直让你对当下兴趣缺缺。它会担心你察觉真相而失掉你的宠爱，因此它会不停地鼓励你去思想或回忆，它会寻找自我认同的粮食，去强化完整的自我。如果你彻底被"小我"催眠，打算相信它的存在，纵容它让你相信生命历史的价值，那不管对错，你都会持续耗用你珍贵的当下，去咀嚼那些无存在意义的回忆所带给你的痛苦焦虑。

难道人们真的希望活在《香草天空》的回忆世界里吗？回忆的世界里怎么会有真实的生命呢？只有活在当下才能真正地体验生命。但我们有多少的生命时间留在当下？有多少的生命时间活在《香草天空》中？

"小我"让你离开当下的另外一个法宝，那就是让你活在未来，让你相信活在未来比留在当下重要。只要你愿意活在未来，你就无法留在当下。当你过度钟爱未来时，你将消耗过多的能量去规划无法预测的未来，让当下的美果不断地由指缝中溜走。

"小我"如何让你相信你应该活在未来？它会输送对当下生命不满的痛苦情绪到你的脑海中，让你否定当下的价值。在不满中，它会鼓励你不断地去规划未来，甚至于鼓励你去厌恶本世的生命，要求你尽快进入死后的世界、天堂。如果你同意，你就被"小我"推入了另一个"香草天空"。

"小我"不喜欢死亡

最后，"小我"跟秦始皇一样，不喜欢死亡。因为你一死亡，就会宣布它也正式消失。

它为了确保它的永恒存在，在肉体方面，它会鼓励你经常对着镜子揽镜自怜；当你看到变老了，变丑了，它会批评你样子难看，然后鼓励你去做脸部拉皮、隆鼻、打玻尿酸或瘦身，让你设法保持青春永驻、身材美好。

在心理方面，它会鼓励你去接受宗教或某些信仰，希望你能由信仰中去找到永恒的生命，让你相信死亡并不存在。

生命的痛苦焦虑取决于你对心智"小我"的认同

真正认识思想下的"小我"了吗？开始有新的想法了吗？

> 生命的焦虑痛苦并非决定性地来自于外境，它取决于你对心智"小我"认同的程度。如果你能看清小我，承认"小我"是虚幻的心智，而并非"真实的我"时，你就拥有了脱离"小我"制约的机会。

如果你愿意放下"小我"对物质虚相的留恋，能够不再注意回忆与未来，并愿意尊重接纳当下，那你几乎可日日开心喜悦。

人们害怕放弃"小我"

但拥有知识、经验或思想的人们反对切离"小我"。

因为当他们失去"小我"时，疑问就开始了。他们害怕如果"小我"不在，那我到底又是谁？他们无法放弃为他们取得荣耀与快乐的"小我"，他们也会害怕丧失"小我"时会陷入恐惧，感受空洞或无价值。

放弃"小我"必须有高度的智慧与觉知力。就算是你想要跨越小我的心智模式，你仍将面对考验，因为除了学习放弃"小我"旧宠外，还要去找到"当下"新欢。留在当下需要努力，因为用心智去放下"小我"将会遭遇抵抗失败，心智是"小我"的打手，利用心智去除掉小我，反而等同强化小我。

那我们如何才能超越"小我"呢？超越"小我"就得让心静止下来。寂静的心会完全瘫痪"小我"的一切活动。但问题是我的内在如何能寂静呢？

思想者无法改造思想

思想者进行自省与批判

各位开始了解到思想下的"小我"带给我们生命什么了吗？思想下的"小我"要求我们所做的一切，多数都会为我们创造出许多痛苦。如果我们同意这个论点，我们会想要积极地重新打造我们的思想。

对于这个企图，知道很容易，但做到比较难，为什么呢？

对这一点，我们在前面提到过。我们会遭遇到一个不易克服的困难，当你（思想者）想要改造你的思想时，你唯一会使用的工具仍然是思想。请记住，思想者根本就是思想创造的，思想与思想者两者看似分开，但实则二而为一，根本是同卵双胞胎，所以思想者无法改造思想。这说明了为什么我们经常努力想改变自己的思想却办不到的原因。相信读者都曾经验过。

许多人在面对自己做了一些坏事的时候，内在思想的理性部分会告诉思想者错了，理性的控诉带来了痛苦。

思想者惯用的解苦方法是自设一个"心灵审判法庭"。在法庭中，思想者进行自省与批判，在批判下忏悔、认罪，并会自我同意改善。

谁来主持心灵审判法庭呢？

那谁来主持心灵审判法庭呢？当然不能是思想者。"思想"这时候想到了方法：它会由自己再切割出另外三个角色，一个角色是"观察员"，观察自己做了什么坏事；一个角色是"审判长"，审判如何自我处罚；另一个角色是"教育长"，教育自己如何改善行为。

为了强化这个审判庭，"思想"甚至于会请出耶稣基督或佛祖帮助审判，然后让这个做尽坏事的"小我"屈膝在审判官与神的面前忏悔。

举个例子来说。

某个人为了提升心灵，加入了佛教，也愿意接受佛教所有的戒律。

某天他犯了口戒，不小心出口骂人"XXX"。他出口后极度悔恨，也知道妨碍修行，所以回家后先在佛堂烧上三炷香，敦请菩萨主持"罪孽审判庭"。然后他先要求思想在大脑内请出观察员，由观察员提出对思想者今天罪孽的观察报告；观察员在报告中明确指出他骂人"XXX"绝对是伤人的口业，建议提交审判长审判。此时，思想在大脑内又请出了审判长执行判决。审判长铁面无私，判定他罪不可赦，必须跪在菩萨面前忏悔，坦承错误，并裁决在近日放生法会中放生十斤活鱼。审判长判决结束后，思想怕他重蹈覆辙，所以再次创造一个教育长，负责对他进行再教育。

自设法庭的效果极差

自设审判法庭的谦卑心意很好，但是效果极差，原因是什么？

生命中一切负面的情绪与行为都是"思想"触动的。当思想犯错后，它依附的"思想者"为了自我改善，会敦请思想持续创造"观察员""审判长"与"教育长"来观察、审判与教育。

其实根本就没有独立的"思想者""观察员""审判长"或"教育长",它们同样都是"思想"衍生的产品。这有点像四川的"变脸"特技,同一个人可以变出十多种不一样的脸。

> 如果"思想"有问题,你可以另寻他法去改造"思想",但不能让"有问题的思想"去解决"思想的问题",这是许多人犯的错误。

如果此刻你能理解思想真正的本质与运作机制,那你在心灵转化的路途上已成功地走了一半。

如何有效地改善思想?

如果想要有效地改造思想,请思考下列模式。

步骤一:理解痛苦源自于思想

你必须开始了解,几乎所有不同形态的痛苦都源自于思想,思想是痛苦的创造者。在这个理解下,面对痛苦的解决模式变得明朗,那就是放弃不必要的的思想;当这些无用的思想消失时,大脑对痛苦的解说与运作即会停止,我们自然就没有痛苦。

步骤二：理解"思想"无法观察痛苦成因

我们必须理解，利用"创造痛苦的思想"去找寻"创造痛苦的原因"是无效的，自家人看不到自家人的问题。请放弃这个早已被理解的错误模式。

步骤三：理解在思想下找寻的解决方案无法处理痛苦

思想者利用思想寻找摆脱痛苦的方案，大多对消解痛苦成效不佳，最多仅是暂时性地解决。

步骤四：理解思想不是实体，它只是大脑神经系统下的某种生化反应

许多人主观上会不自主地认定"大脑内思想下的痛苦是实体"，这是虚幻的错觉。

我们知道放在保险箱里的珠宝是实体，存折记载的储蓄金额是实体，但思想是实体吗？它不是实体，它只是大脑神经系统下的某种生化反应而已。请试想，痛苦忧伤到底是实体？还是只是思想下的一种感受？

让我们做个有趣的柠檬冥想实验

在此刻，请读者冥想正将一个柠檬片放入口内。虽然柠檬根本不存在，但在柠檬冥想下，你是否感觉好像真的有柠檬汁在口内，也发现嘴里会开始分泌唾液？

人对痛苦的感受何尝不是如此，它不过是思想促成的某种虚幻的神经生化反应而已，它绝非实体，它只是思想运作下如同假柠檬般的虚相。如果你开始了解痛苦的虚幻本质，那痛苦就有可能被解决。

脑海中一切的相，不管感受如何，皆是虚妄的空相。放下思想时，空相自明。

步骤五：理解思想可被移除

如果你坚持思想是你的本性，是无法改变或移除的，那你就得让无解的痛苦充斥在你的生命中。你必须知道思想是外来的，而非本性。当你知道思想是外来的时候，你将拥有改造它或抛弃它的可能性。

因为我信，所以我得。

步骤六：理解改变思想的模式不是局部修补，而是全体置换

一般人企图改造思想时，大多着重在局部的修补，哪里有问题就去修补哪边，试图一次解决一个问题。而这种局部修补不仅容易误事，而且效果不佳。人们所感受的内在痛苦看似种类繁多，属性不同，而且各类痛苦间表面上看似无关，但其实相互间都有关联。不同种类的痛苦，其实可能源自于同一个内在源头的机制。例如说"怕高的担忧""怕事业无成的缺乏自信""害怕生命的痛苦"与"面对死亡的恐惧"之间，难道无关吗？

面对复杂的"思想障碍",不要繁琐地一对一,见洞补洞,要化繁为简,将众多纷乱的痛苦视为合一的整体现象,然后设法将整个旧思想同步置换,而不是修东补西。

若想要改造思想,最有效的路径只有一种,那就是要跳过思想,从非思想层次的潜意识着手。只要找到方法能够直接去面对与转化潜意识内创造痛苦的机制与信念,就可促成不同形态的痛苦同步消失。

"潜意识对话DIY""静心"与"当下的觉知"都是可以转化潜意识的工具。

2.3 恐惧创造痛苦

恐惧如同充满伤疤的脸
转过脸不看就能停止思念恐惧吗?

找不到恐惧的源头

影响生命品质最大的元素之一就是恐惧。

人们厌恶恐惧,因为它会抵消快乐的感受,并带来痛苦。想象一下,没有恐惧的生活将多么的美好,每个分秒下流动的生活经验,都会充满了无拘无束的欢喜与自由。

许多人面对恐惧时,会去找寻恐惧的原因从而排除恐惧,但多数人经常找不到。

例如:

☐ 明明伴侣深爱着你,但总是担心伴侣背叛

☐ 明明工作能力很好,但面对工作时总是感觉自己不行

☐ 明明身体健康,但每当听到别人生病时,就担心相同的疾病也会发生在你自己身上

□ 明明亲友很多，相处也很好，但每当晚间独处时，就感觉到深层的寂寞

□ 明明站在离开悬崖边很远的地方，但总是害怕面对这些恐惧，你的理性告诉

□ 你不必恐惧，但恐惧不止。

人们"理性下的因果选择"不见得找得到恐惧的源头；或者，就算是以为找到了恐惧的原因，但处理后仍无法消解恐惧。

面对恐惧，有些人会设法找寻一些方法去淡化恐惧。但多数人不管用什么方法，总是效果不佳。有人在飞机上恐惧空难，安慰可以有帮助吗？有些人晚上害怕恶鬼，找个朋友陪伴会消除恐惧吗？

多数人在面对恐惧无解地情况下，干脆设法把恐惧深埋入心里，假装它们不在。但随着年龄增长，恐惧狡猾地潜藏在心灵深处，反而愈堆愈多。也有人希望用时间淡化恐惧，但时间真的能淡化恐惧吗？

恐惧在本质上全然无法被埋葬或遗忘："假性的遗忘"不但无法控管恐惧，它反而会四散到人际关系或工作上。恐惧如同充满伤疤的脸，转过脸不看就能停止思念恐惧吗？

恐惧来自于心灵深层的潜意识

心灵内的恐惧有两种形态：第一种是表层意识面的理性恐惧，第二种是深层潜意识内在信念引发的反射性恐惧。

当我们面对外来威胁时，意识的理性部分会客观地分析该事件的威胁程度，这个机制所促成的威胁感受是客观的。但多数情况下，理性分析无法掌控恐惧，因为恐惧的主控者是心灵深层的潜意识。当威胁存在时，潜意识会依它内在铭印的特质，自动地跳过理性掌控，对你的大脑输送恐惧讯息，让你莫名地恐惧。

一般来说，潜意识促成的恐惧是"非客观理智性"的。它的强度与外在威胁的客观性无关，它全然依据潜意识的内在信念特质决定。

我们也许想尝试探索深藏在潜意识内的恐惧源头，但总是不得其门而入。这好比，想象恐惧是时北极深海内的鱼，站在冰原上的北极熊尝试用熊爪探入冰洞下的海水中浑水摸鱼，但它全然无法捕捉到冰下的鱼。

举些例子来说明恐惧的特质与成因。

许多人觉得蟑螂恐怖恶心，一见到蟑螂就会尖叫奔逃。如果从理性逻辑去客观分析，这一切夸张情绪似乎不近情理。

譬如说，蟑螂比你小多了，只要踏一脚就可压扁蟑螂，让它汁液四散。到底是你该怕它？还是它该怕你？

如果说到蟑螂的肮脏，可以考虑在显微镜下观察蟑螂身上的微生物，与虾相比，蟑螂身上的细菌并不见得比虾身上的细菌对人体更危险。各位有看过蟑螂比虾脏，或者吃蟑螂会生病的医学报告吗？真正谈到脏，读者牙齿上牙菌斑内的细菌种类，可比蟑螂身上的细菌脏多了。人们可以三天不刷牙都不在意，但远远一见到蟑螂就会惊慌奔逃。

虾与蟑螂，它们都含有钙质、碳水化合物与蛋白质，但人们对它们的观感大大的不同。如果你在餐馆吃饭，在菜中见到蟑螂时，你怎么反应？你可能会很生气，感到恶心，立刻请老板出来投诉抱怨。但如果你在菜中见到虾子，你怎么反应？你会很开心，并谢谢老板食料很扎实。

人们对蟑螂的理性分析全然无法解读为什么如此惧怕蟑螂。原因是人们对蟑螂夸大的恐惧与逻辑无关，它来自于潜意识内在铭印的掌控。如果潜意识中的铭印告诉你要怕蟑螂，你就要怕蟑螂；但如果潜意识中的铭印告诉你蟑螂很可爱，你就会喜欢蟑螂。

我有一个朋友，身材壮壮的，但见到蟑螂就会惊慌奔逃。真正的原因是他在很小的时候，某次关门听到叭的一声，发现门缝中压着一只汁液四溢的蟑螂。在压死蟑螂的当下，他的潜意识感受到生命无常的恐惧，当场为他精心打造了一个与蟑螂联结的"生命无常铭印"，并将这个铭印深植在他的潜意识中。

在他尔后的生命中，只要见到蟑螂，潜意识会立刻跳过他的理智，对他传输"生命无常"的恐惧讯息，让他的内分泌系统快速分泌大量的副肾上腺荷尔蒙，促使他惊慌奔逃。

引动他对蟑螂恐惧的根源，不是蟑螂本身对他的客观威胁，而是蟑螂触发他潜意识中"生命无常的信念"。

有一个研究利用山羊的"条件反射"来研究触发恐惧的原因。

这个实验分为两个阶段。

在第一个实验阶段，实验者对山羊给予两种刺激；第一种刺激是铃声，当实验者发出铃声后，随后给予山羊食物。第二种刺激是闪光，当实验者发出闪光后，随后用铁爪去抓山羊的背，让它疼痛。经过一段时间的刺激，当山羊听到铃声时，会呈现欢娱的姿态，当山羊见到闪光时，会呈现惊恐焦虑。

在第二个实验阶段，实验者仍然给山羊同样的两种刺激，但改变了刺激后的奖惩模式。当实验者发出铃声后，实验者随后并不一定给予山羊食物，实验者会随机选择，有时给食物，有时换成用铁爪去抓羊背。同样的，当实验者发出闪光讯息后，有时给食物，但有时换用铁爪。经过一段时间后，山羊对铃声或闪光都会呈现焦虑不安的反应。

其实山羊本来只须在看到铁爪时才开始恐惧就好了，但它却同时对与疼痛不一定有关的闪光或铃声都发生恐惧。山羊产生恐惧的原因，不是它的理性认知，也不是铁爪造成的生理疼痛，而是来自于山羊的潜意识对两种不同的刺激，建立了相同的条件反射。

当地震来临时，你可以选择恐慌，认为房子将要倒塌，但你也可以只是平静地享受地震温柔的摇摆。当你面对蟑螂时，你可以选择尖叫奔逃，但你也可以选择只是好奇冷静地欣赏它进食。

这些面对同样现象的不同反应，与你的理性判断无关，它全由你的潜意识全权决定。

人们在理性上可以拥有不同的选择，人们当然希望客观平静地用理智去面对事件，但每当事件来临时，总是被管家婆的潜意识横断插手，控管你的情绪，让你面对蟑螂时尖叫奔逃，面对地震时惊慌失措。

恐惧本质上仍是思想下的产，换言之，它也不外乎只是非实体的神经讯息而已。面对恐惧，我们不妨深思：如果恐惧并非实体，而只是个神经生化讯息，那我可以停止让它发生吗？

如果你能够处理这个问题，就解决了人生最重大的议题。答案是有的，你必须能够有效地进入潜意识中转化恐惧讯息。

2.4　回忆创造痛苦

人们印象中的回忆总是苦多乐少，不是吗？

Memory

曾看过安德鲁·洛伊·韦伯的美国百老汇音乐剧《猫》（*Cats*）吗？剧中一只悲苦的猫每次在唱《回忆》（*Memory*）时，随着歌声……Memory, turn you face to the moon light ……观众席上总能看到一些人也在暗泣。人们印象中的回忆总是苦多乐少，不是吗？

我们的潜意识如同计算机芯片，能够储藏大量的生命信息，它储存了我们从小到大许多既往的回忆。

潜意识有一个你也许没有察觉的特质，它像是 HBO 电影频道，会主动输送它储存的回忆到你的大脑里，让这些回忆令你感受情境重现。每个回忆都伴随着情绪，"痛苦的回忆"会让你重温痛苦，"快乐的回忆"让你重温快乐，"烦恼的回忆"会让你重温烦恼。

谁不希望快乐的回忆？打开电视机，我们可以自由选台，但面对潜意识输送的回忆，我们却无法选择，得被逼迫着买单潜意识安排的一切。令我们不满的是，它输送的旧片，经常都是类似电影《悲惨世界》的悲情故事。

面对回忆，聪明的你不妨自问五个问题。

问题一：回忆给了你什么？

你脑袋中的回忆给了你什么？是快乐多一点，还是痛苦多一点？回想一下，重温旧梦会让你感觉生命更好吗？

举例来说。

当你看到一位多年前讨厌的人，就算只是远远看着他，心里就已经开始愤怒了。你没有意识到，这个眼前的他早已改变了，这些年来他已经变成了一个不一样的新人。但当你被愤怒的回忆填满大脑的时候，污染的心智已看不到当下生命的真相。

当某个人看到花园里美丽的玫瑰花时，他立时心情激荡，泪如雨下，全然无法享受眼前玫瑰花的香艳美丽。相反的，他悲苦地沉陷在早已消散的失恋回忆中。回忆让他失掉了享受当下生命无限之美的本能，让他的生命呆滞无趣。

还记得第一次牵着伴侣的手，感受到无限的感动欢愉吗？但一段时间后，那种第一次手牵手的心灵激荡仍存在吗？当你牵着伴侣的手时，是你三十年前的牵手回忆在牵着她？还是当下的你在牵着她？是谁夺走了那种奇妙的感受？是你的爱侣变质了，还是你变了？

当人们的大脑充斥着既往的回忆时，每一个回忆都会对应一种情绪、一种期望、或者一种对抗。不管回忆衍生的感受是什么，它都会消耗生命的能量，让你重复陷入压力、悲伤、恐惧或者痛苦的情绪中。此外，这些负面心绪会影响当下的生活，令你迷惘晕眩，看不到眼前的真相。

我们不光只是论断痛苦的回忆，连快乐的回忆也会创造"想要再次得到"的压力，与"想得而得不到"的痛苦。

发现了吗？几乎所有情绪形态的回忆都加重了我们的痛苦。

问题二：你是恒常不变的吗？

请思考一下生命的实情：在你的生命历史中，不同时期的你是"恒常不变"地吗，还是不同时期的你在"不断地变动"呢？

如果后者是真相，那在回忆中痛苦的你（两年前被女友抛弃的你，半年前被老板解聘的你），是现在的你吗？如果彼时非此时，彼我非现在的我，而只是历史中的我，既然历史代表消散的泡沫，那你为什么仍然执著于虚幻的泡沫呢？佛学讲述的放下就是这个含义。

但如果你执意相信大脑回忆中的你，就是现在的你，那你将不再是自由个体，你已被"回忆"所拥有与控制，你会变成永恒的"痛苦之身"，你注定一辈子痛苦。

问题三：回忆是实体吗？

我们经常回味回忆，但很少检视它的本质。请思考一下：你大脑内的痛苦回忆是当下外在的实体冲击吗？还是什么都不是，它只是身体内神经系统的某种生化反应呢？

如果你仍然认定回忆是实体，那请问你找得到它吗？它在哪里呢？如果你认同回忆不是实体，它只是早已不存在的历史，那你怎么还执著于情绪呢？

　　智慧明确地教导我们，回忆什么都不是，是生命旅者手上不必提着的沉重皮箱。想它只像是一场有剧情的电影而已。你可以对感动的剧情哭泣或狂笑，但电影散场后你会收回你自己。你清楚地知道，你不是电影《飘》中扮演奥利维尔男爵夫人的女主角费雯·丽（Lady Vivian Leigh Olivier），你也不是战争中目睹血肉横飞的小约翰。

　　如果我们能够像看电影一样看待自己的回忆，就会清楚地明白，回忆像是打上沙滩的浪涛，浪花破碎后浪涛就消散了。既然回忆是早已经不存在的虚像，那为什么我们仍容许它逗留在心里，而不让它们自动消散在心灵的沙滩上呢？我们也可以想象回忆是生命旅者手上不必提着的沉重皮箱。想要自由在空中飞翔的人们，为什么仍痴迷不放下它们呢？

　　佛教的一些佛理颇能够呼应这个现象。佛陀说："一切有为法，如梦幻泡影，如露亦如电，应作如是观。"《心经》中也谈同样的佛理："色不异空，空不异色"。

问题四：你是否愿意抛开回忆呢？

　　请再思考一下，如果"回忆"只是神经系统内的生化反应，只是无用的历史故事，如果你认同当下的生命才是最重要的，那现在是否愿意抛开回忆呢？

问题五：你如何令潜意识不输送回忆呢？

现在我们知道，要想丰润生命，就必须制止潜意识输"回忆"到大脑里。但请自问，虽知道回忆的空幻，那你可以令潜意识不输送回忆吗？

令我们烦恼的是，我们全然无法对潜意识传输的回忆说："No"。你也许会用思想去告知潜意识你的期望，但潜意识向来孤芳自赏、自弹自唱，令你总是不得其门而入。

要想驱除回忆，你得跳过表层思想，直接对深层潜意识下手。

2.5 时间虚相造成心灵失序

在天文物理学中，"时间元素"是个必要的推算变数。但人们的心灵里也应该如物理数算般，存在时间这个元素吗？

时间元素存在吗？

人们相信有一种东西叫作时间，在心里一直有一个清楚的时间长轴，协助我们感受到生命存在的实相。我们仰赖手腕上的表与桌上的日历，帮助我们强化时间存在的事实。

站在时间长轴的"当下位置"往长轴后方看，我们看到贴附在时间长轴上的既往种种回忆，例如像是：五年前我爱上一个人，七年前住院，三十年前出生；站在时间长轴往前看，我们看到贴附在长轴上对未来的规划与期望，例如像是：下午五点钟期待下班，三十年后打算退休，希望长命百岁，等等。

"过去的回忆"与"未来的规划"是与时间相关联的产物，而时间是思想用来串联"回忆"与"未来"的工具；"当下"只是"回忆"与"未来"之间的一个刹那。

大脑热爱时间

我们大脑里的思想，一直在唆使我们要认同时间的存在，并且要热爱时间。

我们知觉，这一切贴附在时间长轴上的回忆与未来的总和，构成我们生命的本体。大脑需要知觉时间，来印证拥有生命的存在感、拥有生命的流动感、拥有未来的美妙前景。没有这些，似乎生命不在。

人们会认为，如果思想中没有"时间"，会是个不得了的惨剧，当思想知觉缺乏过去的历史，会有着"不知道我是谁"的恐慌；当思想不能觉知未来时，会认为丧失慰藉痛苦生命的利器。

因此，思想绝不容许时间长轴上呈现空白。在我们心灵的时间长轴上，既往的回忆与未来几乎占据了时间刻度上的每一处，促成我们容纳不了当下。

时间一直存在我们的心里，分分秒秒的滴答作响。虽然我们如此熟悉时间的存在，但它到底是什么？时间存在吗？它是实体吗？还是它并非实体，而只是个意识下的生化产物？我们这里谈的不是相对论下的物理时间，而是人们意识下的时间。

时间感受是祝福？

请回想一下，思想传输给你的时间感受促成了什么？是快乐多些，还是痛苦多些？它对我们的生命是祝福，还是压力？

我们的经验教导我们，所有悬挂在时间刻度上的一切，包括缅怀回忆或者规划未来，都会促成你离开当下，产生各类负面情绪，并耗用过多的生命能量。

一些活在当下的快乐人会否定时间的存在，他们会说："时间是虚幻的假象，只有当下存在。"

如果你开始否定时间，只愿意活在当下，你就可以抛弃掉令你痛苦的既往回忆与无法掌控的未来。因为，当回忆与未来缺乏时间的依附时，它们就得自然地消失了。

当它们在你的大脑中消失后，你会欢喜地觉知到，每一天你都在变动中，都不再是以前的你，而是一个活在当下"新鲜的你"。在此时，一切快乐唾手可得。

"留在当下"是"时间"的终极杀手，这才是生命唯一的真相。

如何抛弃大脑中的时间呢？

如何做到抛弃大脑中的时间呢？请考虑依循三个步骤。

步骤一：认清时间是伤害生命的毒素。

步骤二：认清时间的虚像本质。

唯有认清时间的虚像本质，才能促使你愿意将时间彻底地由内在铲除。

步骤三：练习活在当下

我们每一个人都希望从欲望或痛苦中解脱出来，并建立一个新的生命状态，成就的方法就是"活在当下"。活在当下是生命中最伟大的心灵革命。

"当下"的进入方法虽不简单，但也不很难。一切的关键，在于你能否有效地消除思想中的运作资源——这些资源不外乎就是"过去""未来"或"情绪"。

请自问四个问题：

我们能够抛弃心灵运作的时间吗？

我们能够让每一个生命走过的一切，都在下一个刹那发生时已经死亡吗？

我们能够在每一个新的当下刹那中重生吗？

我们能够在每一个重生的当下中绽放生命的花朵吗？

2.6 过度依恋正面情绪会带来恐惧

多数人的生命会用"要"与"不要"的两极心绪

漂浮在各类"二元对立"的现象间

拼命追求前者，排斥后者

二元对立的生命

人类的存在绝对是个奇迹。在奇迹中，人类最特殊的心灵素质，就是拥有二元对立的心绪，例如说"快乐与痛苦""开心与忧郁""爱与恨"，等等。

人们热爱二元对立的生命，但永远只愿意选择二元中的某一个极端，例如"快乐与痛苦"中的快乐，"爱与恨"中的爱；同时也厌恶二元中的另一个极端，例如"快乐与痛苦"中的痛苦，"爱与恨"中的恨。

多数人的生命会用"要"与"不要"的两极心绪，漂浮在各类"二元对立"的现象间，拼命追求前者，排斥后者。但禅修者不喜欢如此。

二分法创造更大的痛苦

多数人无法理解，为什么秉持二分法的生命观，"努力去追求好的"，排斥不好的，并无法带来更多的快乐？相反的是，愈是依恋"二分法"，愈会创造更大的痛苦？

这是实情。我举对偶关系"快乐与痛苦"来说明。

每个人不必学习就知道，快乐是人生最欢愉的感受，谁不喜欢快乐？每个人都想追求快乐，而且多多益善。这个理想似乎很恰当，颇值得遵循。但答案是："不尽然。"

当看着远方美丽的山峦，欣赏着诗意的秋天落叶，静静的倾听山谷溪流的潺潺流水声，享受爱人的挚爱温情时，你会欢喜它们的美好。

当看着日落时，你想说："这是多么美的日落，希望明天还会再有相同的经验。"当吃着美好的食物，你也会说："这么美味的食物，希望那一天还有。"与心爱的人有着极大的欢愉时，你会想："这么棒的体验，希望以后每次都有。"

当一个选手站在奥林匹克颁奖台接受金牌荣耀时，他会高高在上的沉醉在生命荣耀的高峰。在感受胜利的当下，他想要持续拥有这样的美妙体验。当美女在揽镜自怜时，她会欢喜自己拥有的一切，也期待这一切可以永存不灭。

　　快乐当然美好，只有傻子不喜欢追求与拥有它。

　　但请进一步深思；当快乐来临时，你会尽情地享受它，但这个享受是短暂的。因为"条件式的快乐"是依附在时间之上的；当时间移动，而促成快乐的因素消失后，快乐会自动地消失。当它消失后，人们仍可以持续感受快乐吗？

　　不仅于此，当你在感受快乐的当下，你会同步感受到痛苦，因为你意识到，快乐即将消失，而你担心无法再次获得那种快乐时，你会陷入沮丧与恐惧的情绪。所以，快乐的确是美好的甘露，但花在追求或享受快乐的同时，你得承担快乐消失的痛苦。过度依恋正面情绪会带来恐惧。

　　所以快乐的实相是什么？这个实相也许会出乎你的想象："当你意识到快乐的时候，就是落寞或痛苦即将升起的时候。"

　　如果认真探究快乐，你会发现，条件式的快乐所能创造的痛苦，有四种形态之多：

　　第一种：当你想得到快乐，却得不到快乐时，你会感觉到痛苦。

第二种：当你得到快乐后，怕失去快乐时，你会感觉到痛苦。

第三种：当你得到快乐后，却想要更快乐时，你会感觉到痛苦。

第四种：当你得到快乐后，却失去了快乐，你会感觉更痛苦。

物质文明的提升，一直引诱我们不但渴求物质，还渴求更多的物质。人们热爱物质，想用物质换取快乐：物欲变成了快乐的代言人，也变成了追求美妙人生的吗啡。

在物质致命的吸引力下，手机不断地更新，房子不断地加大，车子不断地换新，衣服不断地抢流行，新的人类要新的产品创造更多的快乐，所以他们要汰旧换新，努力抛弃掉旧的一切。最终，原本让祖先们很容易就会开心的夕阳、山峦或花朵，现在已不值一提。

人们也错误地以为爱和物质一样，可以被征服、被收藏。人们相信要得到更多的爱，因为有爱是快乐的。因此，他们会找个令他们开心的对象，将这种与他人的互动称为爱情。

他们也会努力站在更好的社会位置，扮演一个伟大的角色，让众人爱戴歌颂他们的功德。

为了争取人间的位置与众人对他们的爱，他们会放弃真实的自己，坦然接受"生命演员"的重任，穿上制服，或者操弄专业的姿态，去忠诚地保护一个"不是他们的他们"。他们也许知道这些角色只是包装下的舞台生命，并非真实的他们，但他们绝不懊悔拒绝，因为这些角色令他们快乐。

　　几乎绝大多数人的生命都是快乐导向的，他们热衷于投入快乐无限的伊甸园，希望一辈子拥有快乐，更期待拥有更多的快乐。当然，他们绝对不容许失掉这些美妙的快乐。在这样的期待下，促使人们顽固地相信："生命想要快乐，就得连续地追求快乐"。

　　然而无常的人生总是事与愿违。

　　人们很有趣，明知道"感官刺激所促成的快乐"与"外境条件所带来的快乐"永非连续的，而人们却一直都希望快乐恒在。然而，愈是"祈求快乐恒在"或者追求更多快乐的人，反而会感受到更大的痛苦与恐惧。

　　人们必须知道，恐惧与快乐是相对应关联的，它们是同一个钱币的正反两面，也是肩并肩的好兄弟，二者密不可分，你不可能只要其中一个而不要另一个。当人们想要更多的快乐时，就得承受更多的恐惧，恐惧一直就是快乐的免费招待券。

如何找寻真快乐？

目的论下的信仰是危险的

当人们开始意识到，刻意地追求现世快乐并非"消除苦痛"或者"美化生命"的良策时，他们会在现世的失望中，转头在宗教、信仰或秘术咒语中，去找寻另类的快乐法门。

然而面对宗教，如果人们不能单纯无目标地，打从心灵深层觉知中去体认神，而只是贪婪地建立在想要什么东西的心念时，他们将不再介意神要他们做什么，只会介意自己要什么。这种目的论下的信仰是危险的，是创伤心灵的毒药，也是深化苦痛的源头。

了解快乐的本质

如果想要找寻真快乐，必须去了解快乐的真实本质。

追求条件式的快乐并不可取，它反而会带来恐惧与痛苦。因为它必须依赖外在的条件，它是对外乞讨的，是短暂的，是制约的，是易于匮乏的。

人们应该学习的，是如何取得内在的平静与祥和。它是自发的并源源不绝的心灵美质，它会令你不再受制于外在物质、地位或任何其他条件，它随手可得，无所不在，它是完全自由无方向性的。

无条件的欢喜自在才是真正的快乐。

我们不是说要讨厌快乐或放弃追求快乐。当条件式的快乐来临时，当然值得我们去尽情享受，但在心理上，我们可以放弃对它的依赖吗？

例如说：

☐ 当没有陪伴的时候，可以平静吗？

☐ 当没有美食的时候，可以享受粗茶淡饭吗？

☐ 当没有财富的时候，可以无求地勤俭度日吗？

☐ 当性爱的快乐、占有财物的快乐、或取得权力的快乐不再被依赖的时候，当生命容许条件式的快乐自由来去的时候，快乐早已无所不住了。不受快乐制约的生命才能提供恒久的喜悦。

如何拥有无条件式的恒久喜悦？

如果你想要放弃对条件式快乐的依恋，你的思想将不容许你这么做，因为思想下的一切都是条件式的。不管你的理性如何设法疏导思想，思想仍会顽固地盯着条件式的快乐不放。

如果想放下对快乐的依赖，要学习让自己的内在变得宁静。宁静的心灵会停止思想的运作，也会导致你不再渴望快乐。当快乐不再被渴望时，你将会发现无条件式的恒久喜悦无所不在。

2.7 不协调的关系创造痛苦

> 付出与爱才永远是圆融关系的最大秘密。

不协调的关系创造痛苦

除非我们能像小说《鲁滨孙漂流记》中的主角鲁滨孙，漂流到只有猴子与香蕉的无人荒岛上，否则我们就得面对与处理各种不同的关系，这些关系包括伴侣、兄弟姊妹、父母、儿女、朋友、上司、邻居、街上的行人与出租车司机，等等。

只要是应对关系，就会产生各种情绪。和谐的应对会令你平静喜悦，但不和谐的应对将会为你创造痛苦。

记得我在美国念书的时候，系内有一位将近 60 岁的教授。每次当别人谈论婚姻的时候，他的脸上总呈现恐惧与不以为然的表情，因为他那时正经历着第三次离婚的财产分割。三个失败的婚姻让他财产缩水到只剩下八分之一。他告诉我说他很想退休，但办不到。我当时心里想：他第四次婚姻安全吗？

我曾对一位拥有三个孩子的妈妈做心理咨询。据她的描述，她正面临生命最痛苦的深渊，她每天得多次斥责她顽劣的孩子们，责怪先生懒惰，万事不管，她也怨恨妯娌在公司的对立，并指控公婆不公平的家族措施。在我们第一次刚见面的时候，我一言未发，听着她持续两个小时的尖声控诉。

多数人喜爱戴着"有色眼镜"与"自创的法律"去对应各种关系，当社会上每一个人都坚持己见，秉持着自己相信的真理压迫对方时，他永远会创造对等的对抗与失衡的痛苦。

我们当然希望生活中关系和谐，但经常事与愿违，我们与诸多的关系对立冲突。这些对立的情绪，扭曲了我们原本应当美好的生命。我们不喜欢这些情绪，也愿意设法改善，但令人烦恼的是改善经常无效。

想要改善关系吗？改善关系的第一步，不是去论断是非对错，而是深入了解自己在面对关系时的"心灵模式运作"。

两种应对关系的心灵运作模式

人们应对关系时，通常有两种相反的心灵运作模式。

第一种心灵运作模式：应对关系时，心理带有条件、目的、依赖或渴求。

第二种心灵运作模式：应对关系时，心理没有条件、目的、依赖或渴求。

多数人面对关系拥有的心态是前者，他们会企图透过关系去得到些东西。

举个模拟的例子说明。

当你与女朋友（男朋友）交往了一段时间后，你发现你爱她（他），所以你就去 Tiffany 公司买了一颗钻戒，在钻戒上刻着"To My True Love"，你与她（他）走进了教堂结婚。

其实婚前你并没有认真分析过，当你对她说"我爱你"的时候，这个"爱"的背后隐藏了什么？当分析后，你可能惊奇地发现，你对她的爱的背后其实有一缸子的好理由，这些理由可能是：

☐ 因为她青春美丽，她的青春美丽让你感受到欢喜

☐ 因为她有知识地位，她的知识地位让你感觉到受尊重

☐ 因为她能帮你传宗接代，让你祖祠得以延续

☐ 因为她的陪伴，让你不再寂寞

☐ 因为她的性陪伴，让你有肉体的欢愉

基于这么多好理由，所以对她说："我爱你，请嫁给我"。其实这根本不是爱，真正的爱是没有条件的。人间多数的爱剖开表层，不过只是互惠的商业交易而已。

　　七年后，当你再次检查婚姻的投资报酬率时，发现报酬率已不如往昔。当你察觉她的青春美丽不在、知识过时或陪伴索然无味时，你不自觉地发现你不爱她了。这时候，痛苦的婚姻就出现了。

　　难怪现代离婚率接近 60%，条件式的爱本来就不容易持久。当利己超过利它时，无条件的爱无法存在。

真爱存在吗？

　　我曾有位女性病患来诊所初次应诊，男朋友一同陪着。在医疗咨询中，我告诉他齿腭矫正治疗可以帮助人变得漂亮。她告诉我说：我倒不介意美观，我觉得重要的是内在。

　　我开始质疑她的论点。

　　我问她：你选男朋友是看内在还是外在？

　　她很快速地回答：当然是内在！

　　我问：如果你的男朋友因为车祸脸烧伤了，结了许多疤痕，那你还爱他吗？

　　她毫不犹豫地带着傲娇神采说：当然，我还是爱他！

　　我持续问她：如果这个车祸很严重，你的男朋友在车祸中两只手与下半身都已切除了，你还爱他吗？

她迟疑了很久，问我说：真的那么惨吗？

人间有真爱吗？爱能够没有条件吗？

在婴儿呱呱落地的时候，父母狂喜带了一个新生命来到人间，他们发誓要保护他照顾他，要爱他一生，要给孩子最好的一切。相信这时候，他们心念里的爱是无条件的真爱。但后来呢？

随着婴儿的成长，当父母对孩子的爱掺杂了恐惧与渴望时，无条件的真爱就会转变为有条件的爱。父母为了孩子未来能够飞黄腾达，出人头地，拥有美好的未来，他们会处心积虑地打算给孩子最好的教育。在这种关切下，父母拼命地为孩子安排各种学习，2岁时学英文，3岁学数学，5岁学小提琴，等等。

小孩会听从父母的话，因为他们相信父母都是对的。但繁冗的学习让孩子们开始睡眠不足、情绪低落、紧张易怒、不快乐，他们开始与父母对立。

父母错了吗？

促成父母这样子的行为，来自于父母对孩子，存在像拥有珠宝般的"拥有心念"。在拥有的心绪下，父母对孩子的未来，会存在着患得患失的恐惧。当这种恐惧心念投射在孩子身上时，紧张失和的对立关系自然会发生。

多数父母会用自己的人生观与经验去判定孩子们该要什么。但孩子的个性、能力与父母是不相同的，父母用自身的经历去引导孩子的未来，是偏执的、不公平的，也是不理智的。

> 好的雕刻师傅拿到一块木头后，他不会马上雕刻，他会仔细观察这块木头的一切条件后，才开始为它量身设计与创作。

其实父母常常对小孩做的，经常都是自己曾经得不到的，或是心中羡慕的。不是吗？学校成绩不好的父母会拼命送孩子去重点学校；地位不高的父母会要求孩子在未来选择高贵的角色。

但多数如此对待孩子的父母并不认为他们错了，因为他们会坚持他们所做的一切，都是在爱之下的行动。我不否认父母对孩子的爱，但这种条件式的爱却会带给孩子们痛苦，并创造对立的亲子关系。

如果真要协助孩子，成就适合孩子性向的未来，就必须放下拥有孩子的心念，用平静客观的心智倾听与观察孩子，帮孩子们找寻什么对他们是真正最好的。

比较三部曲

多数人面对关系时，会自动出现一个与对应关系"比较"或"比划"的心灵运作机制，我称这个机制为"比较三部曲"。下面以一个虚拟场景来说明。

当一位女士看到另一位女士的时候，可能会发生什么？

第一部曲：观察，收集信息

当她看见另一位女士在眼前的时候，她会立时摇身一变，将自己武装成战场前线的斥候，好奇地打量这位女士的一切特质。她观察到："啊！长得漂亮，眼睛好看，穿夏姿的衣服，带 Piaget 表，大学念贵族学校，啊！名片竟然印有水印。"

第二部曲："比较，批评"

观察后，她会进入比较期，她将观察到的对方特质与自己进行比较，然后展开对她的批评。

她会在心里想：

"啊！长得漂亮，难怪嫁得好；眼睛好看，一看就知道双眼皮是割的，不知道在哪里割的，割得比我的自然；穿夏姿的衣服看起来蛮俗的；带 PP 表没什么了不起，我也有；竟然大学念那所贵族学校，家里蛮有钱的；名片的水印好好看，下次我也要这样印。"

第三部曲：产生情绪

批评与比较后，她会开始升起情绪：如果她发现别人的条件比她好，她会感觉到羡慕或自卑，但如果她发现别人的条件比她差时，她会感觉到骄傲。

让我们检讨这个常见的"比较三部曲"。

人们面对关系时，如果只是单纯无念地观察对方，当然不会有情绪。但观察后如果认定眼前观察到的现象，与"我"有关联时，这种"与我有关"的心念，会直接进入潜意识中运作，并触动负面情绪。负面情绪易于让关系紧张失和，也会让你丧失看到真相的机会。

这种心灵机制是"小我"的拿手好戏。再举个例子来说明。

某位女士看着家庭闹剧电影，电影拍得好极了。剧中的已婚先生经常劈腿。这位看着电影的太太左手拿着爆米花，右手拿着饮料，欢喜地享受着精彩的剧情。看电影时，她清楚地知道电影就只是电影，电影"放下"的新关系模式中劈腿的先生与她无关。

如果仍是同样的劈腿内容，但场景移转到隔壁邻居。当这位女士听到隔壁的太太与她劈腿的先生大肆争吵时，她的怜惜心念促成她去安慰与疏导邻居太太，并叫她要放下与宽容。为什么这位女士能客观地给予邻居太太智慧的建言？因为这个情境与她无关。

但如果同样的劈腿情境不幸发生在这位女士身上呢？她可能再也无法冷静，智慧也消失了，甚至于会做出极端的事情。

这位女士面对同样的情境，有着三种不同的反应。这一切心境的变动，全在于面对关系时自觉"与我有关"的程度。

> 所以，我们开始了解，应对关系的最佳良策是不要陷入"与我有关"的心灵运作。应对关系中只要一"比较"或"与我有关"，那就会制造出与对方隔离的对立心灵状态。这种对立心绪会让我们失掉圆融关系的能力，并会失去了解真相的机会。

不和谐的关系会带出痛苦的人生，我们能不能放弃"与我有关"与"比较"的心灵运作机制呢。

不依赖或利用关系

"放下"的新关系模式

当了解关系失和的真正原因后，我们就知道，如果想建立良好的关系，需要反过来做，那就是面对任何关系时：

□ 从"与我有关"的心态改成"与我无关"的心态

□ 不再存在依赖、利用、企图与渴望的情绪

□ 从有条件式的所求改成无条件式的付出

这种"放下"的新心灵模式在现代人听起来，会感觉困扰，或者不近情理，但印地安苏美人不如此想。

美国的科学家们曾进入印地安苏美族（Sioux），观察印地安苏美人的"利他人生观"。他们问印地安苏美人："如果你有10条鱼，当给别人3条后还剩几条？"几乎所有的美苏人都会回答:"十三条"。

美国科学家们不能理解苏美族人是如何数算出这个答案的，但苏美族人会振振有词的说："你们的数算与我们的不同；当我们给出三条鱼后，对方会反过来给我6条，所以总共是13条。"

对现代人来说，利他的心念是罕见的心灵美质，许多人会觉得很难做到。也有些人想做，但内在的深层意识却会浇冷水，说"不"。

其实别悲观，实情不尽然如此。

关系间存在"量子层次的能量联结"

据心灵科学研究成果，当人们在应对关系时，如果心里升起"无所求的关爱"，其实他们并没有损失。这种美质的心念会透过某种能量层次，传递到对方的内在。当对方感受到这些正向讯息时，他会以相似的态度回应。

科学家发现，这种量子层次的能量联结的确存在，只是它非意识所能够察觉。很多人曾经有过这类经验。

举些"量子层次能量联结"的例子来说明这个现象。

科学家曾做了一些探测量子层次的能量联结实验。这些结论显示：人们的情绪能够透过某种科学尚未能查证的能量网，在人群中相互传输联结。

例如，当某个人进入房间具有愤怒情绪时，这个情绪具有高度感染性，它会影响房间其他人的心念，而促使他们在做决策时，会做出不同的决策。

许多人都知道仁慈的修女特蕾莎。科学家利用仪器侦测修女特蕾莎身上散发的仁慈能量，科学家发现，当她进入人群的时候，人群中许多人会立时感受到她所散发出来的仁慈与爱，并因而受到心灵的抚慰。

记得别人痛苦的时候对你诉苦吗？当你听到别人受苦时，你会不由自主地对别人的痛苦感同身受；这种同步经验是自然发生的，它完全不必经过理性的解读。

美国加州佩特卢马（Petaluma）的思维科学研究所发现，当实验中受测试者对癌症病人发送出"癌细胞治疗意念"时，受测试者与癌症病人部分的生理现象，像是心电图、脑波、血压与呼吸，会开始彼此模拟协同。

2004 年 12 月时，侵袭普吉岛的海啸巨浪也同时冲击斯里兰卡野生动物保护区亚拉国家公园，这个海啸往内陆泛滥达两英里之远，然而保护区内数以百计的动物只有两头水牛死亡，其他所有的动物，包括大象、豹、虎、鳄鱼和小型哺乳类动物都安全藏身在避难所，或是安全逃离。它们明显同步接收到某种灾难预知讯息，而利用这个讯息逃离灾区。

圆融关系的秘密在于心灵利他的良善质量

这些研究暗示着，我们可以透过某种尚未被理解的量子联结，与对应关系相互传递讯息。

它提示了圆融关系的秘密。圆融关系不在于与对方话语的讨论、辩论或批判，而在于面对关系时，心灵传送给对方的良善质量。

> 如果面对关系时，能够放下一切条件、索求、渴望与目标，用无条件的爱去温暖地关切对方时，关系会自动地圆融美好。付出与爱，永远是圆融关系最大的秘密。爱是宇宙的唯一真相，爱没有二元对应的恨，恨只是人们暂时的迷惘无知而已。

但对一般人来说，这谈何容易？因为只有心中有爱的人才能给得出爱，爱少的人如何能给出爱呢？

当一个人在沙漠中处于垂死边缘挣扎，而水壶里仅余一点点水时，他会将水分给别人吗？要给爱，要先去让自己心中充满爱；要心中充满爱，不能靠思想上的说服与努力，思想下的努力无法创造爱。

其实我们的内在本来就拥有充沛的爱，只是繁忙竞争的生活与纷乱的思想，阻塞了我们觉知到本身就拥有的爱。如果心中要充满爱，不必对外学习，要从宁静中去觉知内在丰存的爱。在宁静中，野心渴求会消失，利己的心会改为利他，爱会自然升起。

静心就是爱

克里斯那穆提（J.Krishnamurti, 印度灵性智者 1895 年 - 1986 年）

生命其实没有什么特定的目的，因为任何的目的都带不走。如果一定要谈目的，那就是利用这个难得的人生，去体验不同的关系。这个关系不限定在人，它可以扩展到工作、自我与大自然。

想改善关系有两种方法；第一种方法是要求对方去改善，第二种方法是停止批评责难，放弃要求对方去改善，而改为要求自己改善。

多数人使用前者，因为人们总是看到对方的问题。况且，要求对方改善简单方便。但这种方式几乎永远无效。但相反的，曾经经历过第二种模式的人会发现，自我改善会明显的促成和谐的关系。但问题是有多少人愿意呢？

我们察觉到了与关系对立的根由了吗？解决的方法是滔滔不绝地责难，还是温馨地传送爱？

2.8　死亡创造恐惧

在死亡的门前，我们要思量的不是生命的空虚，而是它的重要性。

苏格拉底（Socrates，公元前 469 年 – 公元前 399 年）

出生与死亡

每个人生命之中，有两件事情既避不开，又无法理解，那就是"出生"与"死亡"。出生是不必谈了，因为我们都已经出生了，而另一个死亡，我们尚未谋面。

千百年来，人类为了使人生更美好灿烂，利用智慧创造了丰富的物质文明与精神文明；这一切所提升的生命质量，是人类历史中前所未见的奇迹。

但人类面对一个极大的矛盾：花费一切努力在丰盛"生"方面的议题，但忘记了完整的人生不仅仅是生活，更应包括"死亡"在内，因为死亡是如此的重要。但人们面对死亡的态度异于常理——多数人选择不闻不问。

面对生命，你可以懒得检视珠宝箱里有多少金银珠宝，因为你对物质达观，你可以不介意衣柜里衣物的凌乱，因为你已见相非相；

你可以不介意屋角爬过的蟑螂，因为你相信世界大同；你甚至可以淡化朋友的背叛，因为你相信因果随缘。但面对死亡的议题，你既不理解，也并非豁达，你仅是把头转开，假装死亡不在。

但矛盾的是，它不但是你生命中最大的议题，也会为你创造最大的恐惧。

面对死亡的态度

死亡是人生至要的议题，但很少有人乐于谈论死亡，甚至反向刻意回避它。回避的原因可能是自觉谈论死亡没有结论，所以干脆不谈。或者有些人相信谈论死亡会减短寿命，所以有些大厦中没有"4"楼。

但不谈论死亡的想法是值得讨论的，它无法帮你延长寿命，也无法帮你解除对死亡的恐惧。相反的，隐藏对死亡的恐惧，反而扭曲面对生命应有的态度。

仅有少数人愿意积极面对死亡的议题。他们会透过知识、宗教信仰或灵异经验去探讨死亡。但遗憾的是，多数人虽然拼命找寻死亡真相，却找不到答案，有些人自称已经找到了答案，但心里仍然抱持着对答案的怀疑，与对死亡的恐惧。

为什么人们恐惧死亡？

人们面对生命中的各种问题，如果愿意，都还有机会选择逃避或者面对，但这种选择自由不包括死亡在内。

面对死亡，你既不能逃避，也无法积极地面对与解决。死亡如附骨之蛆，不管你多伟大，不管生命有多精彩，死亡意味着将永远消失的宿命。

此外，当死亡威胁在眼前时，你得被迫放弃一切生命美好的东西，美食、财富、地位、爱情与亲人。"需要割舍一切"是面对死亡最艰难的试炼。你愈是留恋生命的美好，就愈惧怕死亡。

如果想要脱离恐惧死亡的阴影，看似不难，似乎只要看淡生命拥有的一切，面对死亡就能从容自在了。但人们会说："你说得好容易，那怎么可能？"没错，你说得对，但这就是为什么人们会畏惧死亡的原因了。

值得提问的是："生命中有没有方法可以既享受生命美好的一切，但又不必依恋一切？"答案是有的，但不是透过思想去找寻。

许多人曾利用思想去尝试理解死亡，但并不能消除死亡恐惧，因为顽抗的死亡无法被讨价还价。

对死亡的恐惧情绪，并非全然来自于对死亡的理性认知。想象一下，如果我们尝试量化"死亡"与"分娩"的痛苦，各位不妨猜猜哪个比较痛苦？其实死亡时的疼痛不一定比分娩更痛苦，但人们对前者的恐惧远大于后者。

原因在于，人们对于死亡的痛苦多数是来自于对死后世界的未知。

如果把一个人强行丢到一个完全陌生的黑暗空间中，伸手不见五指，没有一点声响，也许空间中并没有任何可怕的东西，但他的内心仍会毛骨悚然，充满恐惧。反之，若这个人是被放在一个熟悉的空间，即使那个空间黑暗无声，他也会安详自在。除非死后另有世界或有更好的世界，否则，人们很难驱除死前的心魔。

人们尝试减轻对死亡的恐惧

面对死亡的议题，你的脑海中可曾浮现过一些问题。像是：

☐ 我死了就一切都结束了吗？

☐ 死亡后我的灵魂仍然存在吗？

☐ 死亡后会到另一个地方去吗？

☐ 轮回存在吗？

☐ 天堂地狱存在吗？

一些善于思考的人会尝试用思考去理解对死亡的恐惧。但多数人不论他们如何思考分析，全然对死亡压力无解。为什么呢？因为人们的思想最多只不过是指既往经验的排列组合，他的经验图书馆中根本没有任何与死亡相关的资讯。

有什么良方帮助面对死亡的恐惧？

濒死经验

有些人会借由经验灵异世界去纾解死亡疑虑，例如说濒死经验。

很多文献都曾报导过濒死经验，它是一种被医学认定死亡后又回醒的离世经历。许多经历过濒死经验的人所描述的濒死过程都极为相似，它包括灵魂出体、感觉平静安祥、看见光、通道、亲人或天使迎接，过程中当事人会被引导回顾一生的生命。

盖洛普民意调查显示，美国超过百万的人曾有过濒死经验。

西雅图的小儿科医师穆尔斯自 1983 年起，记录 50 多个儿童濒死经验案例。报告中指出，这些儿童们脱离身体后进入灵界，被引向欢迎的光亮里。他们回醒后，宣称从濒死经验中学习到生命是有目的的，并感受到生命与宇宙间的错综关联，他们并表示在这个经验后更能尊重生命。

前世回溯

有些人会借由"前世回溯"去理解死亡与死后世界。可以提出的"前世回溯"案例不胜枚举。

例如说，去年有一个催眠师帮我的朋友做前世回溯。她自称在她的前世回溯中，她是清朝皇族的格格，她经验格格从出生到死亡的一生，历历在目。回溯结束后她自觉回溯很真实，也愿意相信死后世界的存在。

如果回溯是真相，那表示人是轮回转世的，表示死亡只是个生命中间站。但前世回溯是真相吗？经验过前世的人多数会接受前世回溯的真实性，但也有一些人认为回溯只是催眠梦境中的幻想。

依附心灵导师指点死亡迷津

有一些人会依附某个心灵导师指点死亡的迷津。

心灵导师教导你的死亡真相有两种可能：它也许是真相，但也许是假象。对你而言，是否真假已非重点，只要你忠心臣服在导师的真相下，并且天天强化，最终，心灵导师的教导就会变成了你的真理。

但它背后隐藏了风险。因为你既存的内在资源并没有能力去辨识尊师的教导是否是真相，你只是在生命迷惘中胡乱抓了一样东西而已。如果所抓的不是救命的浮木，而是铅块呢？那你是否等同去拉斯维加斯赌博而已，如果赌输了呢？

此外，当你只是如鹦鹉般背诵上师的教导时，你对这个信仰的"相信"，与渡边谦一对殉武士道的"知道"之间，会有极大的差别。当信仰不是"知道"或"就是这样"时，信仰背后的存疑会令你仍然无法抛弃对死亡的恐惧。

如何抛弃怀疑呢？

面对上师的教导，如何抛弃怀疑呢？

如果想要抛弃怀疑，没有任何方便法门。唯一的方法就是："你必须实际去体验上师所体验的，而不是去背诵上师所教导的。"唯有实际的体验，才可能帮助你由"假性的知道"转变为"扎实的知道"。

我喜欢面对死亡议题

至于我，我在 14 岁的时候就开始关切死亡议题了。我那时候会自问："人既然会死亡，干嘛要来？"另一个问题让我更不能释怀，我心里想："如果我走了就永远消失了吗？"

我不喜欢恐惧，我不喜欢它骚扰我理当美好的生命，所以我有一个习惯，当发现恐惧存在时，我不会躲藏，假装恐惧不在，我会立刻站在恐惧的门口，强压颤抖的大腿与恐惧的心，对恐惧大声地说："请出来。"

愈是恐惧的事情我愈会去面对。我几乎不变地发现，当我积极勇敢地去面对与处理恐惧时，当我愿意让恐惧的源头情境重现时，这个恐惧就会乖乖的，像清晨湖面上的浓雾，自动在微风中消散无踪。这种积极态度帮我驱除了生命中许多的恐惧。

对于死亡，我一直告诉自己说："如果死亡不能做敌人，就做朋友。"积极地面对死亡一直是我用来解除死亡恐惧的最佳良方，也是我理解死亡的快捷方式。

请思考一个模拟情境。

如果你家里的垃圾要丢在两边邻居的其中一边；一边是基督徒，一边是江湖老大，你往哪边丢？这个问题不难回答。但如果邻居两边都不好应付，一边是江湖老大，一边是意大利黑手党，那你还有地方丢吗？

答案是有的。我会积极面对两边邻居，与他们做朋友，想办法共存。

再举例来说。多年来我一直怕开快车，当我开车时速超过一百时，我会感觉紧张害怕。我处理的方法，就是接受一个赛车手的邀请，请他载着我将车开到超越我既往的速度经验。当这位赛车手将车子开在时速两百时，我当下敏锐地欣赏我心脏似乎将要跳出胸腔的罕见恐惧。在那一次经验后，我发现我竟然也能够将车速加升到两百而感觉到心旷神怡。

> 对于死亡，既然我们不能消极地回避它，也无法视它为敌人，那与其与它对立，倒不如改弦易张，正面积极地去接近它，了解它，然后与它和解。避开恐惧是痴者的愚行。

如果你想真正知道死亡，你不能在理性上去分析它，你只能在无所求的宁静中去感受它的真相。

死亡是生命的导师

你必须理解死亡对生命的意义。

当我们不了解死亡的真义时，恐惧死亡的阴影会扭曲我们的生命内容，会侵蚀我们原本美好的生命。其实，死亡的恐惧对生命是个另类的祝福，因为它会督促我们去了解死亡的真义。只有当我们真正了解死亡的时候，我们才懂得如何正确地经营本世。

我在巴厘岛的一次旅馆演讲中与员工分享服务理念。在演讲快结束时，在他们的同意下，我为他们做了一个死亡冥想。我请学员们闭上眼睛，引导他们进入深层放松后，开始冥想身处在死亡前的五分钟。在冥想结束时，我发现许多人都在掉眼泪。

我收集了当时学员在死亡冥想中"死前五分钟的心念"：

我问学员说："你们还忙着想赚钱吗？"几乎全体学员说："不重要了！"问学员："死亡前想到还有什么没做的吗？"几乎全体学员说："太多了。要多跟心爱的人多多相处，要多陪父母，要多陪儿女，要跟对不起的人道歉。"问学员："还恨谁吗？"几乎全体学员说："没有了！"问学员："还愤怒吗？"几乎全体学员说："很平静！"

我惊奇地发现一件美妙的事，许多人在死亡前竟然充满了平日没有的理性、智慧、爱与仁慈。这种死前的心灵美质简直可跟我们伟大的心灵导师孔子相提并论。

我不禁在想："死亡太棒了，为什么人们不喜欢死亡，死亡才是生命最充满智慧的导师啊。"如果人们的心智能够每一天都好像活在死亡前的五分钟，那你的生命将变成什么样子呢？我会建议读者可以在静心冥想中，去体验死前的心灵状态。冥想"死亡"会让一个充满了智慧、爱与仁慈的你诞生。

我经常在课程中安排"死亡前五分钟的冥想"。部分学员在冥想前心里充满恐惧，但经历死亡冥想后却一反恐惧，内在充满了对生命的放下与爱。

死亡真好。

读者如果对"死亡前五分钟的冥想"有兴趣，可直接进入网站"心理 FM"内聆听"潜意识对话 DIY"中的"死亡前的五分钟"冥想。

你可在冥想中去安全平静地经验死亡前的心绪。这种经验可以帮助你放下对死亡的恐惧，也能够帮助你理解生命的真义。

我对死亡的认知

讲到这里，读者有没有发现一个有趣的现象，那就是我一直没有提示死亡的真相是什么。为什么呢？

我大胆地预测，如果我一旦说出相信某种想法是真相时，就会有些人对我丢鸡蛋；但如果我害怕被丢鸡蛋，改口说相信另外一种想法才是真相时，那丢鸡蛋的人会改为拥抱我，而原来支持我的人会对我丢鸭蛋，我会两头难做人。许多人一谈到死亡就会悲愤哀怨，我那敢轻撄其锋。

但如果我被迫一定要回答，我会带着一个神秘的微笑，一句话都不说，只是将手指向窗外的月亮。

这本书中的语音引导可以帮助你在放松宁静中去觉知真相，但它不能提供你答案。你必须依靠自己在深层静心中升起的智慧中去觉知真相。唯有你给你自己的答案，才是真答案。这就是老子说的"道可道，非常道"，也是佛陀说的"无相"。

当你知道了，你就是知道。知道后你也不必说，如果别人问你，你也不妨将手指向窗外的月亮。

减轻死亡恐惧的终南快捷方式

如何消除对死亡的恐惧？这其实是每一个人生命中的必修课，但好像从来都没听过学校有一堂课叫作"死亡真相学"。

究竟死亡是什么？究竟生命结束后将面临什么？

不同的文化信仰、宗教、科学观点或思想下的哲学，对生前死后的世界各有不同论述，而且各说各话，但尚未出现令多数人信服的结论。减轻死亡恐惧有终南快捷方式吗？

几年前，美国毕马威会计事务所（KPMG，全球前三大事务所）总裁在去世的前三个月中，写下日记《追逐阳光》（Chasing The Light）。他的书归类列为当年美国畅销书。作者在书中畅言死前感言，他写下死前心境与如何在死前规划该做的事。但作者在书内，却没有写下一条协助人们脱离死亡恐惧的箴言。

面对死亡的恐惧，有一些纾解方法颇值得你去参考。

其一：勇敢积极地探究死亡的真相

不要排拒死亡议题，要迎上前去，勇敢地探究死亡真相。

其二：练习不再依恋一切

惧怕死亡，并非惧怕死亡本身，而是惧怕将失去一切。

如果我告诉你说："要脱离死亡恐惧的阴影不难，你只要看淡享受、财富、名声、爱情、亲人，那面对死亡就能从容自在了。"你会拒绝思考这个建议吗？你极可能会说："你说得好容易！"没错，你说的都对，但这就是为什么你会畏惧死亡得原因了。

要正面应对这个问题，不要回避，要去找寻答案。如果你真的能放下对外在世界的依恋，死亡的恐惧就会自动消散。

其三：学习放下对死亡的恐惧

有没有方法既可放下对死亡的恐惧，享受生命美好的一切，但又不必依恋一切？答案是有的，但它不是思想下的理解。请避开一个迷思，那就是：永远没有一个思想下的脱困方式，可以纾解面对死亡的恐惧，例如像是外求知识，苦研经书或者口念咒语。

追根究底，死亡的恐惧是潜意识内在铭印所促成的。当你的信仰只是思想下的理解时，它就无法有效转化潜意识内恐惧死亡的铭印。只有当潜意识内在的"恐惧死亡铭印"能被转化时，那"信仰"就会变成如自然呼吸般的"知道"。"知道"下的信仰才能消灭面对死亡的恐惧。

"潜意识对话 DIY"与"静心"可以帮助转化潜意识负面信息，并淡化你对外境的依恋。

请用"潜意识对话 DIY"或"静心"让自己心灵宁静清明，宁静中思想会静止，分析、比较、批判会消失。请在无念的静心内观中，寂静地观照自己潜意识内恐惧死亡的一切根源。

当你无念觉知死亡的恐惧后，内在从未呈现过的清明会升起，它开始提示你由生到死的真相，并让死亡开始由未知变为已知。你将觉知到死亡的自然与自由，你将不再依恋轮回转世之说，你将能自然轻松地无惧于死亡。

当害怕死亡的你消失了后，这个全新的你对生命本体会有新的觉知，你将用新的视角看待财富、地位、财产与爱，对这些外在的依恋都将烟消云散。当你不再依恋它们时，所有的痛苦、孤独、绝望和苦难都不存在，你将会在自由无惧的智慧下，创造幸福欢喜的人生。

2.9　潜意识掌控生命质量

你的意识很聪明可是你的潜意识比你的意识聪明很多很多

思想意识无法避开恐惧

生命中有两种情绪会决定生命质量，它们是二元对立的快乐和恐惧。面对生命，我们以为只要睁大眼睛，并懂得运用知识与思想逻辑，就可以掌握人生，拥有快乐，并且远离恐惧。但这一切却事与愿违。

我们厌恶恐惧的缠身。当恐惧发生的时候，我们会用思想意识去分析、消除恐惧，但思想意识分析出的结论经常无法避开恐惧。

我曾多次提到，我们无法避开恐惧的原因，是心灵深处另有一个我们既不清楚，也不容易掌控的伙伴，叫作"潜意识"。它隐藏在思想意识的背后制约我们的身心灵，并触动我们各类的情绪，例如快乐、恐惧、痛苦，等等。

在这里，我们会细谈潜意识如何影响我们的生命，然后会提出实际的处理方案。

了解我们的思想意识

了解思想意识吗?

我们天天都在思想,我们理所当然地以为了解思想,但其实多数人对它的了解并不多。

心理科学会用"思想意识"去表述大脑内的活动,但它的内涵是极度错综复杂的,并且是多层次的,心理学家连定义"思想意识"都很困难——不同的心理学派有不同的定义。

为了方便讨论与理解,我将大脑内所有的思想活动称为"总体意识"。并将"总体意识"依层次分为三层;最浅层"与理性相关的思想意识"叫作"思想逻辑意识";第二层"非理性的思想意识活动"叫作潜意识;最深层"非思想的意识活动"叫作"无意义"。

专业学者也许不尽认同这种切分方式,但在本书中这将不是重点,重点着重在方便读者研读理解。

表层"思想逻辑意识"

第一层,或者最浅层的大脑的思想活动,我们称它为"思想逻辑意识",它是我们生命中最熟悉,也最能被意识到的思想部分,它掌管"理性的思考分析"。

当人们应用五官意识觉知外界现象后，五官意识会将外界捕捉到的讯息传到大脑中掌管思考逻辑意识的部分，这个部分的大脑会借由内部储存的"既有的知识与经验"为基础元素，对外来讯息进行理性的、逻辑的、客观的分析判断；在分析判断后，它会提示它认定的最佳行动策略，去促成最符合你最大利益的生命行动。

举几个例子来了解它。

例如：

☐ 开门时它会告诉你要转开门把手

☐ 过街时它会告诉你要小心闪避来车

☐ 天冷了它会告诉你要多穿些衣服

☐ 面对电脑时它会教你如何正确地操作电脑

☐ 工作时它会提示你如何正确执行工作的作业流程

表层思考逻辑意识像是个气象播报员，不断地报道天候变化。它也像是个分析师或者有学问的老学究，喜爱判断东，说教西，不断地为你提示想法。

"思考逻辑意识"在我们清醒的时候活动，这时脑部呈现 12 至 14 赫兹（Hz）以上 β 脑波（Beta Brain Wave）。

"思考逻辑意识"对生命正常运作很重要。它每天无时无刻地贴着我们，让我们误以为它就是意识的全部。但其实并非如此，它无法掌握生活中所有的行动，它能控管的，只占生活中不到20%的行动而已。

深层"潜意识"

请想象整体意识是个在海上漂浮的冰山。

"思考逻辑意识"只是大冰山裸露在海面上方的小冰峰而已，它占整体意识的比例不到20%。但因为它漂浮在"整体意识"的表层，所以我们容易感受它的存在。

而冰山在海面下方有一个大冰山，它是"总体意识"在"思考逻辑意识"以外的部分。在大冰山下方的"总体意识"中，它的第二层叫作潜意识。由于它存在于海面的下方，你几乎无法感觉到它，不知道它的内容是什么，也不知道它如何运作。既然如此，当然你也不易去影响改变它。

潜意识像是个有超能力的潜行默客，它无声无息地躲在心灵的某个角落里，不会与貌似当权的表层"思考逻辑意识"辩驳是非对错。这种隐性的运作模式，令我们无法觉知到潜意识才是生命主控者。

它控管了你生命中 80% 的生命内容。你的生活中一切条件反射下的情绪、习惯、思考模式与行为，像是痛苦、恐惧、担忧、嫉妒、愤怒、悲观、缺乏信心、暴饮暴食、失眠，等等，全由它来左右你。简言之，它掌握了你绝大部分的身心灵活动与健康状态。

你的意识很聪明，可是你的潜意识比你的意识聪明很多很多。

心理学家密尔顿·埃里克森（Milton Erickson）

虽然潜意识如此重要，但遗憾的是，我们既无法意识到它的存在，也不易转化它。

为什么无法感受潜意识的存在？

我们平常清醒时，脑波会停留在 12 至 14 赫兹以上的 β 脑波；β 脑波是"思考逻辑意识"积极运作时的脑波。但促成潜意识积极活动的脑波，却是在 8 至 12 赫兹频率较慢的 α 脑波或者 4 至 7 Hz 波频更慢的 θ 脑波。

α 波或 θ 波是提供通往潜意识的桥梁，它存在于身体放松平静时，或者在初步入睡时。

由于"思考逻辑意识"与"潜意识"在不同频率的脑波中运作，

它解读了为什么当我们身处在清醒时的 β 脑波时，在 β 脑波中积极运作的"思考逻辑意识"会无法开启或转化在α波始可运作的潜意识。它们之间的关系极像是牛郎与织女，似乎只有在七夕梦中始可相见。

如何接触潜意识?

人们在清醒状态的 β 脑波是无法接触潜意识的。若想要接触潜意识，必须利用方法，将存在于清醒时的 β 脑波，转换成低频的 α 脑波或者θ脑波。自我放松、禅定、静坐、气功、瑜伽或催眠等方式，都可转换脑波频率。

当人们身处在极深度的放松或冥想时，波频极低的 θ 脑波或更低频的 Δ 脑波会出现，θ 脑波存在于 4 至 7 Hz，Δ 脑波存在于 0.4 至 4 赫兹。

许多禅修者会在静心中进入 Δ 波。当 Δ 波转为优势脑波时，一些禅修者会宣称处于某种非思想的特殊意识形态中。

这种"非思想的意识形态"具有联结"超自然能量"与"超智慧"的能力。禅修者会在联结中寻求忠告，吸取智慧，并觉知真相。

> "潜意识对话 DIY"的语音引导，是个人可在自行练习下转换脑波的工具。它利用促成身体放松的语音，将当事人在引入深层放松后，转入低频的 α 脑波、θ 脑波、或甚至于更低频的 Δ 脑波。

当事人在"潜意识对话 DIY"引导的平静放松中，当脑波转入低频脑波时，有声书中的"潜意识转化指令"会在潜意识全面打开之际输入潜意识中，去促成它内部信息与机制的调整。潜意识内在信息与机制的改变可触动生命正向的习惯、思考模式与行为。

这种模式所促成的潜意识改变是长效的。

潜意识生理解剖结构与运作

根据医学研究，潜意识存在于脑部的边缘系统（Limbic System）；它包括丘脑（Thalamus）、下丘脑（Hypothalamus）、脑下垂体（Pituitary Gland）、海马体（Hippocampus）与杏仁核（Amygdala）。

当五官接收到外界讯息时，例如像看到或闻到某样东西，它会将之转化成讯息，再将该讯息输入丘脑适当部位。丘脑会把接收到的讯息进一步处理，然后输送到脑中不同区域，并转化形成某种意识。脑部前额叶区域为意识中心。五官接收讯息后，下丘脑及垂体会调节身体各部分，设法维持最佳的生理状态去适应环境。海马体负责长期记忆，杏仁核则是负责处理情绪的中心。

潜意识对生理的影响

无名英雄潜意识

你绝对无法想象，要正确地面对生命各种需求会多么辛苦，但你却不需要浪费任何精力去照顾它们，因为你的背后隐藏了一个一直为你忠诚而且默默打理一切的无名英雄，那就是潜意识。

你身体内部的生理现象虽然极为复杂，但你的潜意识会在你不知觉的情况下，跳过意识去自动调节生存必须的生理运作，例如，让你心脏持续有节奏地跳动，让血液不停地运转养分与氧气至身体各处，让你不知觉地持续呼吸，主动促成消化系统分解食物，与腺体主动分泌调节荷尔蒙，等等。

潜意识调节自律神经系统所控管的平滑肌肉组织。当外在物理刺激或内在的不舒适（恐惧、压力、疼痛）产生时，它会警告我们，促发自律神经系统骚动，启动生理上的反射防卫机制，像是急促深呼吸，心跳加快，立时逃走的惊慌以及痛苦等情绪。此外，潜意识会自动协助我们执行或学会一些技巧，例如开车、打球，也会主动满足身体的需求，像是欲望、饿、渴、性，等等。

潜意识不停地自主运转，去调节多数生理反应，让你正常地生活而不必消耗太多的能量。但相反的，如果潜意识的内在机制出现某些问题，它也会相反地给你增添麻烦。

潜意识与生理健康

身体与心灵是不可分割的

许多临床研究数据显示，身体与心灵是一个整体的两面，是不可分割的，彼此相互影响。生理状况的波动会影响心灵内的潜意识，而潜意识呈现状况也会触发对应的生理行动。你的担忧、恐慌或消沉会干扰潜意识的正常生理运作，触动生理障碍。相对应的，潜意识也会输送某些负面讯息到意识层面，触动错误的情绪、行为与压力产生。

长期心灵障碍会导至免疫系统逐渐失衡

潜意识内储存的长期的心理障碍，会导致免疫系统逐渐失衡，而引发一些慢性疾病，像是风湿症、狼疮和气喘病，等等。一些肿瘤专家表示，罹患癌症的病人大多曾在生命中经历过长期严重的心理障碍，例如自卑、不信任、嫉妒、憎恨、恐惧与压力。但相反的，当内在压力与担忧能被有效消除时，许多难解的免疫系统引发的生理障碍会得到改善。

举些科学研究说明。

在设计上，这些研究需要开启被测试者的潜意识。开启潜意识的方法颇多，多数研究采用催眠模式去开启被测试者的潜意识。

美国的一份精神病学学术期刊，曾报导美国俄亥俄州立大学利用催眠提升免疫能力的研究报告。

这个研究以 33 位医科及牙科学生作为研究对象。这些学生被分为两组；第一组学生为实验组，他们被教导利用"自我催眠技巧"在学期考试时自我舒压；第二组学生是对照组，他们没有被教导"自我催眠技巧"，这两组学生在考试前后抽取血液样本化验免疫能力。这个研究利用检查 T 白血细胞活跃率（免疫力指标）来探测免疫力的变化。

研究结果显示，第一组学生的免疫力平均上升了 8％，而第二组学生的免疫力则平均下降了 33％。另外，研究亦发现：经常练习自我催眠学生的免疫反应，比比较少练习自我催眠学生的免疫反应好。

这个研究的结论显示：

□ 压力极可能促成免疫力下降。

□ 催眠能够触动潜意识内部减压机制，而促使身体免疫机能的提升。

潜意识与皮肤疾病

另有一些研究显示，作用在潜意识的催眠对于皮肤疾病亦能够有治疗效果；例如疣（长在手脚外皮的病毒感染）。

在一个治疗皮肤病"疣"的研究中（Spano，WI lliams & Gwynn，1990 年），40 位病人被分为四组：第一组接受催眠治疗，第二个组接受传统药物治疗，第三组仅接受安慰剂，第四组则没有接受任何治疗。

结果显示，只有第一组的病人疣的数目明显地减少。

潜意识可引发安慰剂效应

许多心理学家或催眠师会利用催眠，对被催眠者的潜意识中植入正向讯息或者带有安慰剂效应（The Placebo Effect）的暗示。被催眠者的潜意识在无法分辨讯息真假的情况下，会无条件地接受输入的暗示，而改变思考模式、习惯或行为。

现代一些医师会聪明地截长补短，利用催眠来辅佐临床生理与心理的治疗，有些案例效果非常显著。

在 2002 年，英国权威医学期刊《新英伦医学期刊》（*New England Journal of Medicine*）曾报道过一个安慰剂效应的个案。研究对像是一群膝部严重疼痛，而需要依靠"膝部切换手术"去改善膝部疼痛的病人。主持研究的布鲁斯·莫斯利医生（Dr. Bruce Mosley）希望借由对这类病人的实验，去了解安慰剂效应。

一些膝部严重疼痛的病人被分为三组：第一组病人接受实际手术，切除了损坏的膝部软骨组织；第二组病人并未进行手术，仅被移除发炎组织；第三组病人被计划性进行"假"手术，病人麻醉后膝盖的确被切开，但没有真正进行膝盖手术。三组病人完成手术后安排同样的物理治疗。

经过一段时间之后，研究员检视三组病人，令人震惊的是第三组病人的膝部康复程度竟然与第一组及第二组的病人完全一样，第三组中的有些病人甚至可走路以及打篮球。

研究结果显示，只要能够让病人相信已进行过手术，就可发生明显的生理改善。

促成这个现象发生最可能的解释，是来自于假手术促成了第三组病人的潜意识相信确实进行了手术。潜意识不会分析外来讯息的真假，只要它相信讯息是真的，它就会启动它内在的修复机制，触动膝部症状的改善。有些医疗专家甚至于相信："病人对疾病治愈的信念比药物还要重要。"

许多医生懂得利用安慰剂效应，他们会开假药令病人的潜意识相信开的特效药有疗效，而制造放大的治疗效果。

许多现代人有慢性腰部酸痛的症状。西医对腰部酸痛的疗效一般不佳，原因是根本找不到原因。许多腰部酸痛的个案宁可求助于物理按摩或中医的针灸，也不愿意找西医治疗，但按摩或针灸的疗效也经常仍只是治标而已。

也有一些的腰部酸痛个案会寻求催眠师的协助。在催眠中，通过输入暗示的影响，当事人的潜意识经常会启动内在修复机制，促成腰痛消失。

潜意识热爱甜食的铭印

很多肥胖者想要改变爱吃甜食的习惯，但一直尝试瘦身失败。他们虽然知道瘦身有益健康，但他们意志上的企图，却敌不过潜意识中要求他不断地吃甜食的铭印（Imprint）讯息。

催眠一直是帮助瘦身的快捷有效方法。催眠可以引导当事人在

进入 α 脑波时，巧妙地将放弃甜食的新程序输入当事人的潜意识中，而促成当事人的潜意识能在很短时间内学习新的饮食行为。

改善潜意识内部负面信息与疾病痊愈

多年的临床数据显示，利用催眠转化潜意识的负面信息，会对许多生理疾病有很戏剧性的良好疗效。但许多人并不了解催眠，他们过度神秘化催眠，或者想象它是某种秘术；甚至有些人误将拉斯维加斯的催眠秀当作就是一般所谓的催眠，这些都是偏颇不全的了解。

催眠曾经被证实对于舒缓气喘病（Asthma）亦非常有效。

英国医学权威刊物《英国医学期刊》曾经报导过一个利用催眠舒缓气喘病的研究。这个研究结论显示，接受催眠的气喘病患的气喘发病频率以及使用药物剂量，比起接受传统医疗的病患相对较少。

一些临床研究也指出催眠对止痛有效。

在一个实验中，一些患有乳癌的女士接受一年的催眠治疗。跟对照组比较，接受催眠治疗的乳癌病患的疼痛，比没有接受催眠治疗的乳癌病患疼痛程度下降约一半。

从这些临床经验倒推，许多的生理疼痛不全然是生理性的，一些生理上感知的疼痛，可能与潜意识内部信念有极为密切的关系。

抑郁性障碍是一种心境抑郁的心理障碍，有这种症状的人会有长时间且明显的抑郁情绪，缺乏自信，身体能量明显降低，睡眠紊乱，食欲减退，一些生理功能失调，自觉无法体会到快乐，并有自杀的可能。

一些研究结果显示，对潜意识作用的催眠能够很有效地治疗抑郁症。抑郁症患者身体内的内啡肽（Endorphins）（注）含量比正常人低。在实验中接受催眠治疗的病人体内内啡肽含量会明显地增加。

（注）内啡肽（Endorphin），亦称安多酚或脑内啡、脑内吗啡，是一种由脑下垂体和丘脑下部所分泌的氨基化合物（肽）。它能与吗啡受体（Opioid receptor）结合，产生跟吗啡、鸦片剂一样的止痛效应和快乐感受。

潜意识与失眠

催眠也经常被利用来治疗睡眠障碍，多数效果很好。

在一个实验中，45 位被测试对象随机地分为三组：第一组接受催眠治疗，第二组接受安慰剂效应治疗，第三组则是控制组。这三组连续接受 4 周的治疗，每周 30 分钟。

结果显示，只有第一组被催眠治疗的病人呈现统计学上有意义的改善，睡眠质量改善程度达 50%。

失眠的原因很多，有些是生理性的，有些是心理性的。但不管是哪一种，透过催眠转化潜意识内某些资源或机制，经常可有效地达成舒缓失眠的成效。

上述的案例明确地显示出潜意识对于生理的巨大影响。潜意识是生命的利刃，它既可帮助你的身体更趋健康完美，但也可以反向地为你创造出许多生理疾病。如何调理潜意识的内在信念，是促成美好生命的关键。

任何方式只要能够将大脑脑波转为 14Hz 以下的低频脑波，就可有效地打开与转化潜意识。转变脑波的方法极多，上述案例中的催眠，只是转变脑波的一个方式而已。其他像是静心、当下觉知、禅坐，等等，都可有效地转变脑波。"潜意识对话 DIY"是极有效的脑波转换工具。

潜意识对心灵的影响

世间万花筒般的生命内容

戴上墨镜，世界在你眼前就立即失去了光彩。个人的不幸往往是脆弱者观察生活的墨镜。

弗朗西斯·培根（Francis Bacon，1561 年 – 1626 年）

这个世界像是个七彩缤纷的万花筒，充满了各种形形色色的人。

☐ 有些人快乐，但有些人痛苦。

☐ 有些人宁静详和，但有些人焦虑烦躁。

☐ 有些人懂得给爱，但有些人只能讨爱。

☐ 有些人人际关系和协，但有些人人际关系冲突失和。

☐ 有些人成功，但有些人失败。

☐ 有些人工作充满了热情与能量，但有些人工作颓废与缺乏能量。

☐ 有些人充满了创造力，但有些人却只能萧规曹随。

☐ 有些人自信，但有些人自卑。

为什么生命内容会两极化？

为什么同样是人，但却有着截然不同的生命内容？

面对这个议题，感觉生命困苦的人会到书店里，找到超过数以万计的各类书籍帮助他们解惑。但他们失望地发现，不管他们手上握着多少感觉良好的知识，也不管他们如何尽力地将这些知识应用在生活中，却仍然无法帮助他们从生命的池沼中脱困。

原因到底是什么，是选择的心灵鸡汤不好？是执行没有尽力？还是追根究底，是悲苦宿命下的咒语？

真正的答案是存在的，那就是："你的生命一切由你的潜意识所决定，但你漠视它的存在。"

请务必接受一个千真万确的事实。

你生命中绝大部分的情绪，圆融关系能力、生活习惯、思想模式与工作创造能力，等等，都是经由你内在的潜意识所掌控的。任何人只要能够有方法去与自己的潜意识联结，并能通过联结，开发潜意识内在的资源与能力，实现心中梦想的期望就会变得畅通无阻。

但绝大部分的人由于无法激发潜意识具备的无限潜能，因此与丰盛美好的生命绝缘，这对于生命实在是浪费与可惜。

潜意识的特质

了解你的潜意识

> 深入你的内心，认识你自己！
>
> 　　　　苏格拉底（Socrates，公元前 469 年 – 公元前 399 年）

如果你希望掌握生命，希望生命丰盛美好，那你就得设法去了解你的潜意识。下面将讨论潜意识的内在结构、铭印特质与运作机制。对潜意识的彻底了解会帮助读者能够学习如何去转化潜意识。

下方将详细地解释潜意识的重要特质。

第一个特质：潜意识是记忆中心

潜意识有一个了不起的功能，它有个比计算机还庞大的内存，是个储存生命经历的记忆中心。潜意识会跳过意识运作，自动地将你的生命经历化成回忆贮藏起来。除了储存生命经历、回忆以外，与回忆相关联的情绪也会被连带储存。它储存的回忆中，有些部分是你意识中早就遗忘的。

第二个特质：潜意识记录的经验被称为铭印

潜意识记录的经验被称为铭印。

潜意识储存的铭印内容可能是既往的某个经验、某人说过的话，或是某个电影情节。潜意识内在铭印繁多到有人用"铭印海"来描述它。每个人从婴儿起，几乎绝大部分的生命经验，都被巨细靡遗地记录在它的里面。

铭印存在的初始美意是保护我们。当人们面对某个曾经验过的外在威胁时，潜意识会找出相关铭印，去呼应这个情景，并快速做出反应，而减少再次受伤的机会。这个主动反应机制是人类赖以存活的保护机制。

举例来说明。

有个人曾被火烧伤，他的潜意识将那次被火烧伤的回忆与相关情绪化成铭印，并储存在潜意识中。尔后当他再次面临火灾时，潜意识会由杏仁核立即启动相关的"火烧铭印"，去呼应这个火灾，它立时命令交感神经系统启动他的恐惧情绪，并令他心跳呼吸加速，双脚快速逃离火区，从而减少了被受伤的机会。

这种条件反射涉及的神经回路颇短，它不需要慢慢回想过去的经历或思考如何应付，这就增加了我们保命的机会，它也解释了为什么铭印掌控下的情绪反应，总是凌驾于理性的思考。

第三个特质：潜意识自主创造铭印

潜意识制造铭印是个完全自主的过程。在它制造铭的过程中，你连旁观者都不算，因为你根本无法知道你的潜意识在做什么。你既没有参与权，当然更没有控制权。潜意识是个标准的美国西部独行侠，来去自如，自行其是。

它的自主风格多数会造成你的困扰。

企业在生产产品时，会有严格的质量控管过程。但显然潜意识不能算是优质企业，它所生产的产品会在未经过你审核的情况下，就径直上架直销。在企业，如果你是老板，当察觉产品不良时，你可以经由行政机制强制产品下架；但面对你的潜意识，你最多只是个挂名老板，就算你威逼利诱，或恳求潜意识将产品撤回下架，它都会我行我素，轻忽你的投诉——它才是幕后独裁霸道的老板。

第四个特质：铭印操控多数生命现象

潜意识是你生命真正的老板；它会借由铭印，直接跨过表层的思考逻辑意识，操控你多数的生命现象，让你从外在的生理到内在的心灵，全盘体验到它的掌控。面对潜意识铭印要求你的一切，你全然无法抗拒，也一点不能打折扣，你被强制呼应并买单这些讯息，你只能说："是"。就算你的理性选择不同意，但说了也不算数。

第五个特质：铭印并非忠实记录生命经验

潜意识铭印会扭曲生命经验

潜意识在制作铭印上有一个你必须知道的特色，它并非忠实地记录生命体验，它会通过删减（Deletion）、简单化和一般化（Generalization）等机制，去扭曲它所记录的经历。被扭曲后的铭印已非原汁原味，它经常附带着夸大的情绪。

潜意识本身绝对是电影中所谓的"好人"，它一直积极扮演你生命的终极保镖，用尽一切心意保护你。潜意识"简单化"和"一般化"生命经验的机制，原本是一片美意，它希望协助你能快速应变外界冲击。但铭印信息夸大扭曲的本质，却无心插柳地为你创造了许多严重的副作用。

从诙谐角度观察它的处事风格，它经常莫名地荒腔走板，有点像是个正值更年期的怨妇。

面对外在世界的冲击，潜意识除了喜爱自怨自艾以外，经常反应过度、敏感，并充满了夸张的危机意识。就算是"外在事件"与你"过去的经验"仅仅有一点点类似，甚至于风马牛不相及，与你的现状无关，但它经常会鸡婆地将"外在事件"揽上身，变得"与你有关"。这种鸡婆机制，除了会激起你强大的恐惧或痛苦之外，令你无由地采取不恰当的强烈行动，也会令你欠缺工作自信，无法发展生命潜能。

譬如说，有个人在小时候某一天，突然被一只蟑螂袭击，他的潜意识将这个惊恐的经验，用"一般化模式"处理后，转化为"昆虫都很危险恐怖"的铭印后，记录了起来。事过境迁后，他的意识也许早已忘了这个事件，但他的潜意识中却深藏了相信昆虫会带给他伤害的信念。

这些铭印原意是个保护机制，令他再次碰到类似情景时，会立即行动，促使他避开昆虫攻击。但遗憾的是，这个一般化的铭印所输送的行动指令，并未反映实情或符合理智，它让他每次看到任何类似蟑螂的昆虫，都会心生恐惧，尖叫奔逃。

有一个人对疼痛很敏感，医师的针还没拿起来，他就已经在害怕了。当护士雪上加霜的对他说"等一下打针的时候会痛，记住要深呼吸"时，他的意识也许会尽量自我激励，但他的潜意识在听到"痛"这个字眼时，内在铭印立时令他回忆起幼年打针时与医师缠斗的奋战。虽然他已长大成年，但这个信念仍促使他紧张、恐惧、心跳加快，心生逃跑念头。许多人都知道，其实坐飞机的安全性远超过坐汽车，人们坐在飞机上本可开心了望窗外美景，但一些人却担心空难即将降临，宁可选择坐汽车。

可以想象的是，他们的恐惧背后，必定存在着某个早期促成恐惧飞机的经验。这个经验也许是他曾看过某个飞机空难影片，他的潜意识将电影情节制造了一个"飞机危险"的铭印，也许是他的某个亲友遭遇空难，等等。

这个"飞机危险"的铭印既不辨是非，也不管逻辑理智，它让你一坐上飞机就开始害怕。

黄石公园大峡谷的空中玻璃走廊（天际行）是美国著名的旅游景点。透明玻璃走廊的地板厚达 10.2 公分，主体结构为 U 字形钢柱，基桩约 16 公尺深，走廊两侧有围栏，结构强度可承受八面强风及里氏规模八级的地震，专家认定它的结构安全度绝对无虞。

但许多人面对空中步道时，明明意识告诉他们一切安全，而且是难得的经验，但却心生恐惧，怯步不前。他们无法制止潜意识对他们输出对高空恐惧的信息。

一般人见到绳子的时候，他的理性会告诉他是安全的。但曾经被蛇咬过的人在他们的潜意识中有着"毒蛇危险"的铭印。面对任何像蛇的东西，明知没有危险，但他的潜意识却无视真相，依然会将之视为毒蛇，并通过副交感神经，去启动心跳加快，惊慌奔逃的生理反应。

请回想一下自己的一些生活经验：

□ 为什么别人一句不经意的话，会引起我极大的恐慌？

□ 为什么既往失败的恋情，会让我担忧眼前的婚姻？

□ 为什么别人生病，竟然会令我恐惧也将患一样的疾病？

□ 为什么一进入狭窄的空间，就会感到莫大的压力？

□ 为什么还没有开始工作，就已感觉工作将会失败？

这一切，都是你的潜意识中的负面铭印直接跳过思维为你创造的。

潜意识相信一切事件都以某种相同形式展现

潜意识的铭印另有一些你必须知道的特质。

例如说，它相信世界上所有事件都只以一种"相同特定形式"展现，或者说，它习惯用单一经验去认定所有情况皆如此。

当人们拥有这种铭印特质时，他们的铭印会促成他们话语中经常带有"永远"、"从来"、"总是"等字眼。例如"我永远不会成功""别人从来都不关心我"以及"我总是运气不好"，等等。

相信许多人都曾经验过这种以偏概全的现象。

举些例子说明铭印以偏概全的特质。

某个小孩在某一天不小心打破盘子而被母亲责怪，母亲生气地对他说：你"老是"犯错，笨得要死，"永远"都学不会。

其实小朋友打破了盘子并非大错，而母亲生气脱口说的话也非本心；但潜意识借由一般化模式一般化这个事件，制成失真的铭印，并储存在他的潜意识中。在他往后的生命中，这个铭印不断地告诉他"既笨又学不会"，诅咒他所做的每一件事，令他不时地感觉无能，并创伤了他的生命动能。

植入或被植入心锚

许多人不明了"言者无心"的威力，他们话语中"一般化的字眼"会不经意地对他人植入心锚（铭印）。记得别人曾用负面的一般化字眼对你说过的话吗？

例如：

□ 父亲对你说：你"总是"不惹人爱

□ 老师责怪你：你"永远"都学不会

□ 老板批评你：你"永远"失败

对于这些别人对你说的负面话语，你的意识或许早就忘了，但是你的潜意识当了真，将这些话语一般化后制成了铭印。

这些负面的一般化铭印会像是：

☐ 我"总是"不惹人爱

☐ 我"永远"都学不会

☐ 我"永远"失败

当初这些无心者的无心言语经你加工创制的铭印，会不经意地制约你一辈子的生命行动。

你如果用心，你会发现有时候你也会不经意地用"能力限制话语"，像是"不可以""不可能""不会"等字眼，在一般化某些"单纯的单一现象"后，在无心插柳的情况下，为自己或他人，在潜意识中插入这些"一般化的限制信念"。

这些信念所产生的制约与伤害，极有可能会默默地扩散到生命的每一个层面。

举些含带"能力限制话语"的例句：

☐ 你"不可能"拥有幸福生活！

☐ 你"不可能"达到目标！

☐ 这个病"不可能"有救了！

☐ 这个工作"不会"成功！

☐ 你"无法"放松静坐！

"需要性"的限制铭印

有些人喜欢以"需要性限制模式"去一般化单一现象。他们的话语中经常带有需要性,包括"必须""应该""一定"等字眼。"需要性"的句子表述了说话者潜意识的内在信念。

常见的例子像是:

□ 我"必须"赚很多钱

□ 我"应该"做个教授

□ 我"一定"比别人优秀

当这个价值信念加注在自己身上,会造成自己莫名的制约;加注在别人身上,也会造成别人莫名的压抑,并限制了对方生命更大的选择。经常敏锐地在内观中检视这些无由的制约,会成就你更自由与更大能量的生命。

"扭曲模式"促使潜意识铭印偏离实相

扭曲(Distortion)是潜意识制作铭印时常用的一个模式,它促使铭印信息偏离实相。

有一个人在上小学时得不到老师的称赞,当时他的潜意识将这个经验"扭曲"后,创造了一个偏离实相的铭印。这个铭印在他的生命中一直告诉他:"你不值得别人称赞"。其实他的老师并没有这种想法，这是他自创的心灵扭曲。

某一个人在婴儿时期缺乏照顾，她的父母多次将她独自留在家中。父母以为她很小，独处不会有什么问题，但不知道她独自在家时感到非常恐惧。在她长大后，她的意识的回忆中虽然没有这一段回忆，但她的杏仁核早已记录了这个孤独下的恐惧感受，长大后的她经常莫名地感觉孤独害怕。独处会令她的潜意识中的"孤独铭印"释放出无由的恐惧情绪。这类记忆可以影响她的一生。

他之所以惊慌，是因为他以前曾经看过一部类似的恐怖电影，他的意识虽然忘了，但是他的潜意识却储存了这一幕恐怖剧情，并创制了相关铭印来呼应这个剧情。这个躲在潜意识中的"暗影铭印"，令他只要在黑夜中见到任何暗影，就会把暗影联想成恐怖事物，而引发无谓的恐惧。

这个铭印令他无法感知实况，反而为他创造了虚幻的生命感受。潜意识利用删减模式简化事件原本是美意，但非时态的删减会扭曲真相。

另举外一个例子。

一位先生对他的太太做了很多贴心的好事，但他的太太仍然认定他不爱她，因为她的丈夫从没对她说过"我爱你"。事实上，她的丈夫对她做了很多贴心的好事，只是沉默寡言、不善表达。当这位太太的潜意识将这个现象通过"删减机制"简化成制约铭印时，任何她丈夫对她做的正向行为，都被她的潜意识否定了。

我们开始了解潜意识如何帮助我们制作心灵制约了吗？了解铭印的形成模式可以帮我们避开被植入负面心锚，同时也帮助我们不要口无遮拦，没事拉弓乱射心锚。

第六个特质：铭印性质决定生命品质

面对同样的生命现象，不同性质的铭印会制造不同的反应，不同的反应会促成不一样的生命历程。

例如说，某个人被批评后会莫名地暴怒。他很想改变这个讨厌的个性，遇到批评时想要自我控制，但每次被批评后仍然生气，生气后又忙着道歉。

表面上这似乎是他天生的个性使然，但真相不是如此。小时候父母间频繁争执下的全武行，为他的潜意识免费安装了一个愤怒铭印，令他学习到的信念是："争执要用愤怒或暴力解决"。在他以后的生命中，每当争执当头，他的潜意识会强迫他纵情发怒。当他习惯呼应这个愤怒信念后，他就被它绑架了一辈子。

相对的，另外有个人生长在佛教家庭，一家人祥和喜悦，他从小在这种氛围中被默默地安插了用"接纳"取代"对抗"的铭印。当他听到批评时，他的潜意识铭印会促使他诚心地对对方说："谢谢您教导我"。他把批评认定是提升灵性的箴言。

上述两种人由于铭印的性质不同，面对纷争的应对模式也 180° 的相异，但他们未曾选择铭印，一切都是周遭环境促成的。

有人也许不认同这种现象，认定不好的脾气是与生俱来的，这是个错误的悲观论调。如果脾气是与生俱来的，那你如何解读日本举国广泛拥有的贴心服务心念呢？

多年来，学者们一直争执到底人类的本性究竟是"本善"或是"本恶"。不管真相如何，如果你坚持后者，那你将失掉改善生命的机会。

另举一个例子说明不同的铭印会创造不同的关系。

有两个人对狗的感受不同。甲君一直爱狗，觉得狗很可爱，见到狗就想亲近它；而乙君则相反，很怕狗，不敢靠近狗。同样面对狗，为什么两人反应迥异？

原因是甲君在幼时家里养过一只可爱的狗，他与狗在一起的经验是快乐的；而乙君则在幼儿时曾经被狗追咬过。他们两人对狗的不同态度与狗本身无关，而与他们潜意识中对狗的铭印性质有关，不同的铭印触动不同的生命经验。

延伸这个理念，我们可以开始理解：能够拥有美好铭印的人等同于拥有享受美好生命的门票。

此外，我们必须进一步理解，潜意识内的铭印与你的生命关系，不一定只是单向的，它其实可以变成是双向的。

铭印的属性的确会影响你在生活中所呈现的"情绪特质""思想形态"与"行为模式"；但相对应的，当你面对铭印施加你的生命影响时，你所响应出的动机、情绪、思想或行为的"形态"与"强度高低"，也能正面或负面地"反向影响内在铭印的属性与依附在铭印上的能量"。

所以，如果你想促成与潜意识间的良性的双向变动，请接受一个提醒：

平日尽量多去经验"静心"或者"潜意识对话 DIY"，将自己的身心经常安置于放松平静中。你可以利用这种宁静的身心灵去"软化"或"转化"潜意识铭印施加于你的负面讯息。当你如果能够经常处于宁静无念时，你会自动地旁置潜意识对你的控管。

第七个特质：潜意识主动输送回忆到意识层面

生命中，我们也许一切安好，但你的潜意识会违背你的意念，经常随时无由地输送"不愉快的回忆"与"回忆相关的情绪"到你意识层面，你全然无法杜绝这些历史泡沫的骚扰。它像是无法管控的野象，冲撞着你的内在，令你承受不必要的压力与恐惧，令你痛苦，并促使你行为失当。

有个人曾经在幼年被人莫名地恐吓毒打过，这个痛苦的经验被化作潜意识中的铭印。他的潜意识经常将这个恐怖经验输送到意识层面，令他重复地咀嚼这个早已过气的痛苦回忆，令他不再相信别人，无由地排斥各种关系，令他原本快乐的人生变质。

我们开始明了，痛苦不是理性产物，意识根本作不了主，它是深层潜意识制约下的反射。每个人都知道要忘却痛苦的回忆，但潜意识却永远自弹自唱，置之不理。当人们跟自己的潜意识失去了亲和感时，他们的潜意识会像计算机中毒般，被不断的错植指令或程序，以致跟"真我"失去了平衡。

第八个特质：我们被内在潜意识催眠了

潜意识有点像是个中国古代的百宝箱，我们根本不清楚百宝箱中有几个抽屉，也不知道在抽屉内有什么东西。我们的思想意识根本无法参与潜意识对我们生命的运作。更甚之，我们甚至于不知道，生命中绝大部分的行动来自于潜意识的掌控。潜意识是如此悄无声息地的在心灵的阴暗处运作。

换句话说，无论是白天或晚上，多数人会自认是清醒地活在自己意识的主导下，但真相并非如此。人们其实是沉睡的，我们仅仅活在潜意识创造的催眠幻境中。它像是电影《黑客帝国》（Matrix）中的人类，自以为生存在实体世界中，却不过只是计算机程序下的傀儡。

每一个"潜意识制约"会吸引并集合其他类似的次等信念，形成了一层又一层非常复杂的信念结构。这些信念结构会令人们活在失真的心灵世界，经常与恐惧、担忧与痛苦为伍，并令我们丧失了体验真实生命的机会。除非有一天我们能觉醒正处于这种状态之中，否则无法从心灵牢狱之中被释放出来。

如果上述说法为真，那"人生掌握在自己手中"的说法就是错的，应该改说："人生掌握在内在心灵的潜意识里"。在这个了解下，我们开始觉知到，通往真相的唯一途径就是先解放潜意识，除此之外，所有方法都有待商确。

我们多么期待一个平静喜悦的自由生命：我们有方法解除潜意识施加的魔咒吗？

解除魔咒的模式只有一种，就是在当下去察觉和转化潜意识中的负面信念。转化之后，人的命运也会改变。但这是知易行难的企图，有多少人可以放弃思想与生命体验而留在当下呢？

第九个特质：潜意识掌控你的行为习惯

潜意识有一个重要的机制，就是会将你所"学习到的技能"，化作反射性的习惯。潜意识的这个机制可促使你平日不必辛苦地思考如何操作重复的行动，它可令你轻松地过日子。

例如像穿衣服，小朋友们开始学穿衣服时，必须刻意地思考如何穿衣服。但当他们纯熟地穿衣服后，这个运作模式会被潜意识自动储存起来。尔后小朋友穿衣服，会在反射习惯下轻松地穿衣服。

说话也是如此，当熟悉语言后，我们说话时便不须用意识刻意寻找合适的字眼与文法，潜意识会将语言化作反射性习惯，为我们说话时自动提示恰当内容。

还记得曾开车时你全然没有注意路上景物，也未曾思考如何转动方向盘、踩油门或刹车吗？但你惊讶地发现，你不知不觉地开完了某段路程。这一切，不是你的运气好没出车祸，而是你的潜意识默默为你自动导航。

有没有想过为什么床那么小，但多年来你每次睡醒时，都完好地躺在床上，而没有翻滚到床下？是谁在睡眠中掌控你的睡姿呢？

这一切生活经常重复的行为，是潜意识内在储存的反射机制自动为你导航完成的。它帮你建立习惯是好意，让你降低不需要的专注与能量消耗。但可以想象的是，如果潜意识内储存不好的习惯时，那麻烦就来了。

举瘦身为例。

一个爱吃甜食的人虽然理性上决定不再吃甜食，但总是控制不了吃甜食的欲望，每当他面对甜食诱惑时，潜意识中爱吃甜食的程序会再次被启动起来，跨过他的理性对他说："吃吧，没关系，吃了开心。"

潜意识很隐秘：要想接触或转化它内在错误的习惯，必须在脑波转入 α 波时始可进行。"潜意识对话 DIY"的语言引导，可以协助读者在脑波转入 α 波时，接触并转化他潜意识中的负面习惯程式，促成当事人的负面习惯快速改善。

第十个特质：潜意识具有 "心想事成的幻想魔力"

潜意识能创造安慰剂效应

潜意识有一个有趣的特性：它既不能区分，也不介意外来讯息的真假或对错，当它愿意相信某个进入的讯息时，它就用它丰盛的"幻想力"与"创造力"，去呼应并成就那个讯息。

举个例子来说。

某个人拿着一颗药丸，他的理性会认知这颗药的客观药性，并预期吞食后身体将发生的生理反应。但决定药物服用后生理反应的幕后推手，并非理性，也不一定是药物的客观药性，而是潜意识。潜意识对"药物的认知"才是促成生理反应的关键因素。

如果某个人吞食的药丸并非真正的镇静剂，而是无镇静效果的假药。但只要他的潜意识相信这个药丸是镇静剂时，则他仍会在生理上感受到放松宁静。这个现象则称为伪药效应（Placebo Pharmaceutical Effect）。

美国哈佛大学曾针对伪药效应，做了一个有趣的实验。

哈佛大学的研究团队将100位医学院学生分为二组，每组50人。第一组被测试者被要求吞食红色胶囊的兴奋剂；第二组被测试者则被要求吞食蓝色胶囊的镇静剂。但事实上研究者在分派药丸前，暗中对调两种胶囊内的药粉。有趣的反向结果发生了，吃了红色镇静药丸的学生竟然出现了兴奋的现象，而吃了蓝色兴奋药丸的学生则表现平静。

这个实验提示了三个值得参考的讯息：

其一：潜意识无法判定进入讯息的真相；

其二：潜意识只呼应它所相信的信念；

其三：潜意识拥有极大的引导"生理反应"或"心理反应"的能力。

另举例来说明安慰剂效应。美国在 1999 年有份心理报告指出，半数患有严重抑郁症的病人在服用了安慰剂之后，病情竟平均好转32%。

很多自承身受生活高压的失眠者，会习惯性服用安眠药帮助入眠，他们当然相信这些安眠药的确能有效助眠。其实促成他们入眠的幕后功臣，也许并非全然来自于安眠药本身的药效，部分疗效可能来自于：当他们的潜意识愿意相信安眠药的助眠效应后，潜意识会在侧边协助入眠。

潜意识具有"无中生有的幻想能力"

潜意识的幻想能力可以比你想象的更抽象，它甚至于可以展现"无中生有"的超凡魔术。

例如，如果有人对你说："5 秒钟以后，请不要想象在你的眼前会出现一个曼妙的双头裸女"。请问 5 秒钟以后，你会听从指示不去想象双头裸女吗？不仅如此，日后这个裸女也许会经常在你脑海中出现。

现在此刻，当你正看着这段话的时候，你的眼前有没有出现双头裸女？如果有，那就是潜意识运作的结果。

潜意识并不介意讯息是否是"假象"，当它愿意相信有双头裸女时，它就能在你的眼前为你创造出双头裸女。请回想一下，潜意识创造虚无的幻想机制，不知道为我们的生命中创造了多少个"幻想裸女"？

生命中它为你创造的双头裸女

还记得 SARS 吗？在它发生期间，只要打开电视，每一个电视台不断地重播 SARS 的新闻。这些恐吓性的疲劳轰炸，令内在潜意识激起了对传染病的制约信息："只要一个人开始感冒，最后全部感冒。"在这个潜意识制约信息下，多数人悲观地认定："SARS 将要感染全世界。"

媒体轰炸触动了潜意识中的传染铭印，将 SARA 变成了"双头裸女"。我们的理性思维无法杜绝这些"幻想垃圾"对我们心灵的骚扰。

第二次世界大战期间，德国纳粹在优生学的口号下，残杀数百万个犹太人。其中部分被残杀的犹太人在处死前，被科学家利用做了一些非人道的实验。

在某个实验中，一个犹太人被蒙上眼睛，绑在一张石床上。他被实验者告知手腕血管上插了一个空针，他的血液将会经由空针滴落在地面空盆里。当这个实验在进行时，这个犹太人听到他的血液正缓慢地、一滴一滴地滴入空盆内，不久后，这个犹太人就死亡了。

其实，实验中空针并没有真正插入这个犹太人的血管中，他听到的滴血声不过是水滴滴入盆中的声音，这个过程原本无法对他造成任何死亡威胁，但当他的潜意识相信他的血液真的滴入水盆后，就自动启动了促成他死亡的生理机制。

另举一个相似的例子。

一个东方人到法国的山区游玩。当他感到口渴时，正好看到眼前有个清澈的水潭。他想山区水潭的水必然是洁净无污染的，因此放心地在潭边喝了许多潭水。他喝完潭水正准备起身离开时，看到不远处插有一个牌子，牌子上写着"Poisson"。他看了以后立时感觉到头昏、恶心、心跳加快，自觉中了毒。他恐慌地叫家人立刻带他下山急救。

医院仔细核查，找不到他有任何急性的生理障碍，就问他为什么感觉中毒？他回答说因为看到潭边立牌上面写着"毒"；医师追问他看到的"毒"字是有一个"S"还是两个"S"，这个东方人回想好像是两个"S"，医师莞尔一笑，告诉他"Poisson"在法文中是"鱼"的意思，而不是"毒"。

虽然他并没有中毒，但当这个东方人的潜意识在相信中毒后，就为他创造了中毒应有的一切生理症状。

感觉到潜意识的非凡魔术威力了吗？

潜意识的幻想机制能为你做一切你想要做的

现在，你得开心地接受一个你可能还不清楚的好消息，这个好消息就是："潜意识的幻想机制能够帮助你去达成一切你心里想要做的"。

你可以想象潜意识像是阿拉丁故事"神奇油灯中的精灵巨人"，它潜藏着丰富的内在资源、高度智慧与不可思议的魔术能力。这个威力强大的精灵巨人忠实于你，也愿意帮你实现你的期望。条件只有一个："你要让它认定你的期望是真实的"。当精灵巨人愿意接受你所传输给它的"请求"或"指令"时，在它神奇魔力的协助下，你可以变得有财有势，娶个美貌公主（嫁个英俊王子），而且生命美好幸福。

但请理解，潜意识这种幻想机制像是刀刃的两面，它可以正反双向地影响你的人生。

现在让我们先看看这把刀的正面刀刃。

历史上许多成功者与一般人不同，他们有着一个共同的秘密，就是他们能请求精灵巨人为他们服务。他们如何做到的呢？因为他们拥有不一样的心灵机制。

□ 他们天生就知道生命的内容可以由自己创造

□ 他们相信动什么念就得什么果

□ 他们深知潜意识拥有促成"心想事成"的能力

□ 他们坚信正念能够令潜意识相信并成就他们脑海中的成功图景

□ 们拥有启动潜意识"心想事成"能力的强大心念。

这些天生成功的人都会善用这种"异于常人的心灵机制"，去对他的潜意识投入潜意识愿意全心接纳的"正向指令""建言"或"正面幻想"。而他们的潜意识也会全力呼应这些输入的讯息，展开它心想事成的魔术机制，为他完成心愿，让他的生命永远心想事成。

几年前有一部叫作《秘密》的畅销书，书内谈到历代成功人士都有一个共通的特质，就是他们在面对任何工作或挑战前，都能够乐观地在心中观想到未来成功的图像，与强烈感受成功后的快乐情绪。这个在工作启动前的成功观想，可催动潜意识启开它内在的超凡能力，并促成一切心想事成。我们开始了解，为了拥有美好生命，你必须学习正确地面对你的潜意识，思考如何运用成功者独有的正念，去引导它为你达成你的期望。

现在让我们看看这把刀的反面刀刃。

一些经常失败的人与成功者的心念相反，他们或许知道应该对潜意识投注正念，但由于天生思想消极，经常怨天尤人，或自许为受害者：他们也不相信自己的能力与智慧，一直感觉身体将有疾病。在口语上，他们会说："我不行""我没好运""我不能承担责任"，或"别人不喜欢我"，等等。他们经常对潜意识所输送的"消极暗示"，会像毒药般渗入潜意识。这种习惯性的悲观念头，促使他们变成预测神准的"悲剧命相家"。当他输送负面念头给潜意识时，潜意识就会发动它心想事成的魔术，为他创造痛苦的人生，帮助他将他所相信的悲剧都"梦想成真"。

所以很多人都曾经验历一个常见的共通现象："每一个人眼前的世界，其实就是依他的心念为蓝图，然后被他的潜意识创造出来的。"不是吗？

所以在此处，我们该理解的结论是什么？我们要试着去相信：

生命掌控在我们的手上，善用潜意识资源能力的人能够成就丰盛的生命。反之，不善用潜意识资源能力的人会将生命陷入困境。

如何正确运作潜意识，是走向成功大道的重要课题。

现在，了解潜意识的魔术能力后，读者值得去试着回答几个问题:

☐ 我们的命运是无法变动的吗?

☐ 我们的生命蓝图是既定的吗?

☐ 如果生命有个既定蓝图,我们可以积极地另拟更好的蓝图吗?

☐ 如果生命没有既定蓝图，我们可以策动潜意识接受我所喜爱的蓝图吗?

读者何妨将这些信念施用于你的生活中, 然后看看答案是什么?

如何启动潜意识心想事成的魔术能力

启动潜意识心想事成的魔术能力

如果你希望成就丰盛的生命，那你必须懂得对你的潜意识说出"芝麻开门"的秘语。如何能够敦请神灯精灵接受你的"指令"呢? 如何启动潜意识心想事成的魔术能力呢? 请参考下列的五个步骤。

步骤一：相信潜意识拥有心想事成的魔术能力

首先，请先坚信你的潜意识深藏着丰富的内在资源、高度智慧与不可思议的魔术能力。

你得放下你的理性分析，因为它无法促使你了解潜意识的潜能与内在资源，"直观"与"实体经验"会比理性分析更容易让你觉察到它的本质。

在面对潜意识时，你要强烈地相信它对你的协助，必定是既真实，绝对可行，又必将导向成功，这是启动潜意识能量的前提。

步骤二：练习"正念正语"

你得相信你与潜意识之间是可以双向互动的。的确它对你生命的一切，一直有绝对性的影响力，但其实你也可以借由特定方法，去反向改造你的潜意识，请不要放弃你在这方面的权利与义务。

如何做呢？你的起步点是：在生活中，请开始对外在世界正念正语，要学习避开消极的、恶意的或具破坏性的念头。

例如说：

□ 要说："我的身体健康完美"，而不说："我的身体不行，老是生病"。

□ 要说："我做得很好"，取代"我永远做不好"。

□ 要说："我爱着我自己的一切"，取代"我讨厌我自己"。

□ 要说："我的事业飞黄腾达，步步高升"，而不说："我没有贵人相助"。

□ 要说："我的生命平静喜悦"，而不说："灾难老是跟着我"。

□ 别人成功时要说："恭喜你"，而不说："凭什么你比我强？"

□ 别人犯错时要说："恭禧你从错误中学到新东西"，而不会说："为什么你老是犯错？"

□ 被别人批评时要说："谢谢你告诉我"，而不会说："那你呢？"

请记住，"心灵正念"与"口语正语"是开始启动潜意识魔术能力的第一步。也许一般人的正念正语仍不足以启动潜意识的魔术能力，但你的"负面的心念与口语"却经常足够启动潜意识的魔术能力，让你的生命沉沦不振。

步骤三：清除潜意识内的负面讯息

许多人潜意识中充满了令他们恐惧与痛苦的负面信念，这些信念形成筑在潜意识四周的高墙，它会阻碍任何转化讯息的进入。

当人们对潜意识输送"正念与正语",企图启动潜意识的转化机制时,带着负面信念的潜意识会在里面喊"卡",它将全然不配合他们的期望。这是许多人运用正念正语转化潜意识但不断遭受失败的原因。

传输潜意识"有效正念"的首要功课,是必须先驱除潜意识内部累积的错误信念,并改写它内部的错误程序。

潜意识内部需要移除的障碍,包括潜意识内"促成情绪的回忆""对未来过度的关切""对时间的依恋"与"不恰当的习惯"。当潜意识内部的错误信念被驱除后,正念即可轻易地传入潜意识中。

步骤四:对潜意识传输有效正念

要想对潜意识下达有效指令,得先了解对潜意识传输的"指令质量"。

一些人天生思绪紊乱,当他们对潜意识传达期望时,一边口是心非地,勉强在嘴里重复念着软弱的正念口号,一边任由内在晦暗悲观的潜意识信念质疑传输的正念。

他们传输所谓的正念,不过只是利用"浅层的思考逻辑意识"

对潜意识的隔靴搔痒，全然无法输进潜意识。这种现象解读了为什么一些看似设计良好的正念训练课程，无法促成部分学员的有效改变。

为什么学员间学习成果差距如此之大？

那是因为有些学员天生就具有足够影响潜意识的"强大心念"，课程只是帮助他们启动这种心念而已。但相反的，许多人根本无法在意识中建立这种质量的正念。

步骤五：大胆不害羞的对潜意识恳求你的需求

当面对潜意识输送期望时，不必谦虚或害羞，要诚心地用高能量的正念，大胆地把期望简单清楚地描述出来；向它恳求你所需要的健康、平安、喜乐、富有，并坚信它会成全你。

如果你的脑海中能够呈现明确的成功图景，你的潜意识就会接受请托，开始为你无条件地服务，照办你祈求的一切，让你的梦想成真，将你的企图变成真实的体验。

■ 选择与被选择（Choose or chosen）

　　美国心理学家威廉·詹姆士（William James, 1842年—1910年）曾说过：潜意识蕴藏无穷的智慧和力量，改造世界的力量在潜意识中。

　　生命中，我们总在寻找一个殊胜的方法、一个救援者、一个信仰或一个奇迹，去求取幸福美好的生命。面对这个生命至关的议题，许多人没有了解到，与其外求所罗门宝藏，不如对内去面对与转化自己的潜意识。

　　面对提升生命的期望，你不必刻意对外去求什么，你的潜意识拥有你所需要的一切动能与智慧。你可以经由潜意识的协助，走向快乐美丽的人生。这绝非老生常谈，每个人都可以创造这个魔术奇迹，但前提是，你必须先相信潜意识对生命的无限可能，并学习去掌握它。

　　借由这本有声书的语音引导，你可以不假外求，Just Do It Yourself，你可以直接去面对与转化你的潜意识，这将不再是另外一个失败的经验。

　　生命可以是梦想家的乐园，但也可以变作悲观者的牢笼，生

分享
SHARE

命好坏全在一念之间。在此刻，你的内在潜意识已经枕戈待旦，

你准备好了吗?

SUBCONSCIOUSNESS

> > > | 与潜意识对话

CHAPTER 3

创造

CREATIVE

3.0 介绍"潜意识对话 DIY"

潜意识在转化时它所能领受的学习能力及创意也是最高的。

《与潜意识对话》是转化潜意识的工具书

《与潜意识对话》是一本转化潜意识的工具书。它包含"文书"与"语音引导"两部分。

《与潜意识对话》的文书部分着重分析人们的各类负面情绪、思想与行为的本质与根源,并解释如何有效地转化潜意识。

"潜意识对话 DIY"是针对心灵提升的语音引导,它利用语音对读者的潜意识输送转化指令,从而能有效地促成读者潜意识内在信念的转化。

"潜意识对话 DIY"简介

潜意识转化四部曲

转化潜意识的四个步骤

如果读者想要积极地美化生命，你必须遵循下列四个步骤去转化潜意识：

步骤一：促使自己身体放松、心灵宁静

步骤二：令大脑转入"α 脑波"或者更低频脑波

步骤三：对潜意识植入"反应框架"

步骤四：对潜意识输入潜意识能接受的"转化指令"

要达成上述四个步骤，你根本不需刻意去学习，你只要知道如何正确地使用"潜意识对话 DIY"的语音引导就可以了。"潜意识对话 DIY"语音引导会直接为你完成转化潜意识所需要执行的四个步骤。

步骤一：促使自己身体放松、心灵宁静

现代人在高压紊乱的生活中很难拥有"放松的身体"与"宁静的心灵"。而这两种身心元素的缺乏，会阻断你转化潜意识的成功机会。

　　"潜意识对话 DIY"的前段内容提供促使身心深层放松宁静的语音引导，它会协助身心快速进入深层的放松与寂静。

　　一些人听到深层放松时，也许感到好奇或遥不可及，事实上它是一般人生活中经常体验的自然现象。例如，当你在家中看着喜欢的电视连续剧时，你完全忘记了一切，甚至叫你吃饭也听不到，这说明你已经进入了一个入神的深层放松状态。

　　又例如，你曾经在某个黄昏，漫步在一个美丽的花园中，边走边享受着大自然的景致。在那个当下，你完全聚焦在花园舒服的感觉中，而不知觉地呈现深层放松的入神状态。

　　"潜意识对话 DIY"所能引导的身心放松宁静，是极深层的。读者使用语音引导时，请在室内宁静不易被打扰的地方。

步骤二：令大脑转入"α 脑波"或者更低频脑波

　　当语音引导带你进入深层放松宁静时，你的脑波会自动由意识下的 β 脑波，转入 α 脑波，或者更低频的 θ 脑波、Δ 脑波。

　　在这种脑波下，当事人的表层思想意识虽然存在、清醒，而且有警觉性，但他会自动暂时放弃思想运作，以客观的第三者角色静观过程。而且在此刻，他的潜意识之门会打开。他可借由这个难得时机，邀请他的潜意识对谈，并共襄盛举。

"潜意识对话 DIY"会在潜意识之门打开时，对潜意识输入转化它的"有效指令"。

步骤三：对潜意识植入"反应框架"

请理解，潜意识不会无条件地接受外来的"转化指令"。要想有效地转化潜意识，它的内部必须先要拥有正向呼应"转化指令"的运作机制。所以，转化潜意识的先决条件是：建立"正向呼应外来指令的运作机制"。

潜意识可被想像是内含微软 Windows 操作系统的计算机，它本身无法接受或支持 Mac OS 操作系统的程序。如果要想在计算机上使用 Mac OS 系统的程序，则必须先将 Windows 系统整个删除，改用 Mac OS 操作系统。

心理学定义这种"呼应机制"为"反应框架"（Response Set or Yes Set）。潜意识有了这种"反应框架"，才会有强大能力接收并呼应外在讯息，并促成它内部的正向变化。

"潜意识对话 DIY"针对不同层面的的心灵提升，会系统性地植入建构不同阶层"反应框架"的"植入指令"。这些经过特别设计的框架植入指令存在于各单元后半段的语音引导中。

只要潜意识内被适当地植入新的"反应框架",新的框架系统会自动全面性地协助潜意识呈现理想的转化状态。

"反应框架"有不同的类型:

□ 有些"反应框架"可以协助潜意识遗忘它内在不再被需要的东西,例如像是:遗忘既往无益的回忆与相关的情绪、不恰当的习惯,或是引发负面行动的铭印。

□ 有些"反应框架"可以协助潜意识学习新的东西,例如学习好习惯、好的思考模式与好的行为。

□ 有些"反应框架"可以协助潜意识启动它内部既存的"幻想能力",让一些生活中存在的身心灵障碍被"忽略"或"放下",例如像是忽略疼痛、焦虑,让现实中不存在的东西存在,让缺乏信心的个案能感受到信心,或者让缺乏快乐的人感受到快乐。

步骤四:输入潜意识能接受的"转化指令"

充满了负面铭印的潜意识,有点像是塞满杂物而令人无法通行的房间。如果你想重新美化这个房间,那你得:

(1)先大扫除,认真地清除干净房间内的杂物。

(2)当房间内杂物被清除后,你才可以好好地装潢美化这个房间。

例如说，你可以在墙壁上涂些好看的颜色，在屋内摆些优美耐用的好家具；或者，你也可以考虑在窗边摆些青绿的盆景；或者更进一步，不妨放一首欢愉的音乐。

如果以上述例子来对应潜意识，潜意识内部的杂物包括了悲伤、恐惧、担忧、痛苦与不良习惯。当潜意识内这些杂物被有效清除后，你才拥有资格去装潢美化潜意识。这个先后秩序不能错。如果你直接"跳阶"，在未清除心灵杂物前就忙着去装潢美化潜意识，你经常会遭遇挫败。

这个"跳阶现象"是许多心灵教育潜藏的盲点："在没有先清除潜意识内部的障碍信息前，就立时教导如何装潢美化潜意识"。潜意识在属性上无法接受跳阶教育。

所以请记住，你必须先清除潜意识内的"障碍信息"。

想要有效地清除潜意识内的"障碍信息"，必须有个先决条件，那就是你得先为潜意识内架设"有能力呼应外在讯息"的"新反应框架"。当潜意识有了新的"反应框架"后，它才愿意接受你对它输入的"转化指令"，也愿意启动它内部的转化机制，让这个转化机制主动清除内部的"障碍信息"。

当潜意识内部的"障碍信息"被清除后，你才可能进行下一步，协助潜意识建立一些"创造性的信息"，像是宽容、信心、勇气、爱、智慧、达观与创造力。

"潜意识对话 DIY"针对不同层面"障碍信息"的清除与"创造信息"的提升，会系统性地提供不同阶层的"转化指令"。这些经过特别设计的指令存在于各单元后半段的语音引导中。

转化潜意识的"有效指令"

当潜意识的反应框架架构完成后，"潜意识对话 DIY"会对当事人输入转化潜意识的有效指令。这些指令有两种形态：一种是"直接性的明示指令"，一种是"迂回性的暗示指令"。

对潜意识来说，它天性不喜欢直接被教导。直接教导往往会导致抗拒，含蓄的暗示或迂回性建言比直接的陈述效果要好，它们较易巧妙地绕过当事人的意识批判，而迂回进入潜意识的世界。

暗示的内容多是言语暗示、环境暗示或是隐喻。

"隐喻"是暗示常用的方法，每个隐喻都潜藏有目的和意义。隐喻有两种不同深度，一种是浅层结构的隐喻，另一种则是深层结构的隐喻。浅层结构的隐喻多半以故事展现，它的内容呈现"期望潜意识转化的重点"。而深层结构隐喻的布局特色，在于它不明确显示它的目的和意义，而让个案的潜意识依据它内在的认知、理解、洞察力与企图，去自动促成具利益性的转化，而实现预期的目标。

隐喻常以故事或趣闻轶事呈现。故事或趣闻轶事是很好的暗示，因为每一个人都喜欢听故事，而且故事涵括的层面较广较深，它易引起当事人的好奇及专注。这些故事的内容中会配合当事人所面对的境况，加入一些配合性的"暗示"。

在计划面对一个要处理的议题时，"潜意识对话 DIY"会先设计一个与议题雷同的有效暗示，它可能是故事或情境。这种与议题相似的有效暗示称为先跟（Pacing），先跟是隐喻的上半部。

在暗示中角色的选择不是最重要的，重要的是隐喻内角色面对情境的反应模式，是否能够激起个案去呼应他现在所面对的问题。当这个暗示与个案要解决的问题有着类似的结构与内容时，当事人的潜意识听了暗示后，它便会自动呼应它本身的问题，而促成个案的潜意识愿意运作与转化。

隐喻的下半部，就是设计出一个符合解决个案问题的最佳理想结局。结局必须客观，应尊重当事人的意愿，并且符合当事人期望发生的改变。

对于一个有效的隐喻来说，如何利用个案资源，设计出一个符合个案的清晰与系统化的暗示，促成个案的潜意识愿意去呼应，是隐喻成功与否的关键。

　　此外，设计隐喻可以像是做美味的菜，除了菜的本体外，最好还需要附加酱料，摆设等等因素，促使个案更容易激发求变的热情。隐喻的内容必须有感觉、有感情、有趣，最好简单易懂。

　　另外，在说故事的过程中会插入大量且多层次的隐藏指令，使当事人的潜意识在听故事内容的同时，也接收了故事内容中的隐藏信息。这方法对于理性人士来说是非常有效的。

　　最终，个案接受隐喻后，个案的潜意识会在自主运作下，在它的内部产生改变，而达成个案想要实现的目标。潜意识内部系统转化并不一定需要外在刺激来引导全程，它会在潜意识系统内自适应。在转化过程中，潜意识内部会自动做出最理想的变动。变动经过一段时间后会自动地稳定下来，并到达一个新状态。

　　潜意识在转化时，它所能领受的学习能力及创意也是最高的。输入潜意识的新建议，会重新帮助当事人去"正向地定义、感受与反应外在的真实世界"。这些潜意识的变动会在日后的生命中持续。

调适心灵障碍的最佳模式是转化潜意识

现在我们开始了解，调适心灵障碍的最佳模式，不是用思考逻辑意识去说服或改变潜意识，而是直接跳过思考逻辑，使用"潜意识对话 DIY"的语音引导或静心去直接转化潜意识。

读者透过"潜意识对话 DIY"的协助，耐心连续地使用三个月后，再经过它与静心的交互练习一段时间，读者会发现在身心灵方面呈现明显的提升。提升的程度取决于读者的心性本质、专心程度与练习静心的坚持。

"潜意识对话 DIY"触动生理健康的提升

身心灵提升与转化

"潜意识对话 DIY"同时对"身体健康"与"心灵提升"都能够有不同程度的协助。下面将逐项介绍"潜意识对话 DIY"可能触动的身心灵变化。首先讨论的是："潜意识对话 DIY"可协助预防或改善的生理疾病。

笛卡儿的二元论

传统的医学观念相信笛卡儿的二元论，认为身体与心灵是分开的两样东西，而身体的运作像是一部机器。身体如果出了问题，就是像机器出了问题，要解决问题就得到身体里面找原因。但实际的状况是，医师不管怎么找，经常只能看到病灶，找不到病因。找不到病因的医疗永远是跛脚的，它是现代医学的难解习题。

坏基因的开启是由基因内在信息掌控吗？

身体的问题到底由哪来的呢？医学专家说不出来。但基本上传统的医学观念仍然相信：多数疾病是由遗传基因由内往外促成的。但近年来许多心灵科学研究开始质疑这个说法，说了一堆医学专家不想听，或者听不懂的话。

遗传基因中有许多的功能部位，不同的部位掌控不同的生理现象与某些疾病的发生。生物遗传学研究指出，并非遗传基因工具箱内的每一个部位都在运作；有些遗传基因会被开启，被开启的基因会呈现该部位对应的生理效应；也有些遗传基因会被关闭，被关闭的基因会封闭该部位对应的生理效应。

对于许多种类的病症，像是癌症、遗传性疾病、精神疾病（例如精神分裂症与忧郁症），遗传学专家相信都可以在父母传承的基因中找到既存的相关坏基因。发病的先决条件是这些坏基因必须被开启。

传统的医学相信，坏基因的开启是由遗传基因中既存的信息决定的，所以它的掌控流程是"由内往外"，与环境变动无关。换句话说，你对于遗传基因的开启或关闭完全无能为力，一切得由它自己决定。

答案真的是如此单纯吗？

主导开关基因信息来自于外在环境？

然而在这个方面，一些现代遗传学研究中找到的结论与传统医学呈相反的见解。

它们指出，主导开关遗传基因各部位的信息，不尽然是遗传基因内部储存的既定信息，它可能来自于身体外面的周遭环境，像是自然环境、周遭关系、个人生活方式或者心灵负面素质，如压力，恐惧或痛苦等情绪。

举例来说。

在国际间相比较，日本民族抽烟人口比例极高，但令科学家不解的是，既往科学研究认定抽烟易促成短寿与心脏病，但在日本却不是如此。在全世界国家中，日本人最为长寿，拥有人数最多的百岁人。此外，他们的心脏病发生率也最低。

美国科学家史塔隆斯近年发布了一个有趣但令人惊讶的研究报告。在研究中，研究者将 12000 名日本男性依居住地缘划分成三组；一组居住在日本，一组移居夏威夷，一组移居北加州。研究者在研究前设定一个假设："饮食的内容与健康间存在有意义的关联"。史塔隆斯希望由这个研究查证："日本人居住于不同地缘，进食不同脂肪含量的食物，而会产生不同比率的心脏病"。

我们知道，在日本的食物多属脂肪含量较低食物，移居加州的日本人进食的食物属于高脂肪食物（汉堡薯条）；而移居夏威夷的日本人食物中脂肪成份会较次之。史塔隆斯预测，食用高脂肪食物的加州日本人心脏病发生率会高，而食用较低脂肪食物的日本居住者，心脏病发生率会低。

研究的结果显示，在三个族群中，居留在日本的日本人心脏病发生率最低，移居加州的日本男性得心脏病的比率是日本国内男性的五倍，移居夏威夷的那一组得心脏病比率介于前两者之间。

但这个研究有趣地发现了另一个现象："食物含脂量"与罹患心脏病并无多少关联。不论日本人住到哪里，日本、夏威夷，或是加州，不管吃什么，豆腐、寿司或麦香堡，对罹患心脏病并无影响。这些发现令现代人跌破眼镜。此外，研究也指出，公认引发心脏病的危险因子，像是胆固醇或高血压，竟然也与罹患心脏病无关。

他们也发现，"压力"才是引发心脏病的主要根源。他们对这个研究结论的解读是："传统文化下的日本人会在团聚关系下共享和谐的生活，例如樱花季节樱花树下的樱花祭。"研究者认为这种和谐的团聚关系会帮助降低生活压力。

他们观察到留在日本的日本人群聚较易，压力会较低，所以心脏病比率最低。但当日本人移居美国后，他们在美国缺乏群聚条件，生活压力较高，所以心脏病比率增加。

另一个科学实验也呈现类似的结果。

美国的伯克曼检验了阿拉米达郡（Alameda County）连续九年的公卫统计资料。他惊人地发现，心脏病的发生率与高胆固醇、高血压、吸烟或家族病史等因素无关。另外，感到寂寞和孤立的人死于心脏病的比率，较其他有更强社群连结的人高出二至三倍。

医学新典范渐渐升起

近年来，新的医学典范渐渐升起。这个新典范的众多研究同步指出：

☐ 大多数疾病的根源，不见得来自于外在的环境中的财富、享受、生活习惯、抽烟、吃高脂油炸食物等等，而是与内在心灵状态有关，像是担忧、恐惧、压力、痛苦、愤世嫉俗、自我中心、偏见、没有良好社会关系或孤独，等等。

☐ 换句话说，"个人外围环境的好坏"与"关系和谐与否"对健康的影响，更大于遗传对健康的影响。

☐ 对于内在心灵状态具有障碍的人，他们死于心脏病的风险比正常心智的人高了几倍，其血压较高、血液胆固醇较高、免疫功能较低、慢性疾病较多、癌症罹患率较高、寿命较短。

维护健康的新视角

这些研究如果为真相，它暗示我们要以新的视角去维护身体的健康。维护身体健康所要关切的重点，将不再是遗传体质、单纯的外在环境因素，而是内在的心灵状况。

这将是现代人的新课题，读者不妨认真省思该如何面对这个新课题。但不讳言的是，现代人所面对的这个新时代的"新社会人生观"，会令这个课题变得艰难。因为现代人多数都认同尼采与达尔文的生命价值观。

德国哲学家尼采认为，生命的驱动力是"权力的争取"；达尔文也呼应尼采的说法，认为"资源的竞争"是生命的本态。

在"物质主义"与"个人主义"高涨的氛围下，人们渴求物质、享受与权利。为了追求这些东西，他们会用"竞争与掠夺"去应对他人。这种"利己"的对立人生观，极易滋生负面情绪，而促使他无法与人圆融相处，也易于滋生疾病。

如果我们希望促进身心灵健康，该如何做呢？

我们必须先理解，生理与心灵并非分离的，它如钱币般是一体的二面：生理的完整健康能够促进心灵的健康，而心灵的平衡也能够促进生理的健康。

> 要成就身心灵健康，我们必须学习调适自己，离开混乱的生活，调整烦躁的心绪，让内在能够恒常充满平静、祥和、喜悦与爱。此外，要学习放下目标导向的竞争心念，换个方式去面对他人。

在这种美质心境下，身体自动渐趋健康。

"潜意识对话 DIY" 促成生理健康的良性提升

"潜意识对话 DIY" 与生理健康提升

"潜意识对话 DIY" 能促成身体深层的放松，心灵平静自在与转化潜意识。这种身心灵的良性变动，会促使身体的各类生理现象更趋健康与平衡。下面将列举 "潜意识对话 DIY" 所能促成的生理健康提升。

提升免疫系统

人体免疫系统的失衡会产生许多疾病，例如像是关节炎、风湿症、狼疮和气喘病等疾病。而免疫系统失衡最大的原因，则来自于长期累积的心理情绪，像是恐惧、压力与痛苦。长时间体验 "潜意识对话 DIY 语音引导" 的深层放松与宁静，可协助免疫系统更趋平衡。

特别在此提一下肿瘤。

人们长期处于情绪激动状态或高压时，他的免疫系统功能会受到负面的影响。一个资深的肿瘤专科医师曾表示："许多罹患恶性肿瘤的人，都曾经在生命历史中经验过长期深层的恐惧或伤痛。"恐惧或伤痛会破坏免疫系统的完整性，而促成自体正常细胞的恶性转化。

如果这个观察属实，那么"潜意识对话 DIY "促进身心灵放松平静的功效，应可提升免疫系统功能。而免疫系统功能的提升，应可降低恶性肿瘤发生的可能性，或减缓肿瘤的恶化。

缓解情绪障碍引发的慢性疾病

常年累积的情绪障碍会引发一些慢性疾病，像是胃病、头痛、关节疼痛、疲劳、失眠，等等。"潜意识对话 DIY"促成的深层放松与平静，能够经由消除情绪障碍，而缓解上述慢性疾病。

以失眠为例。

颇高比例的现代人会感受到失眠的威胁。在台湾，至少三成以上的人有不同程度的睡眠障碍。多数的失眠只是一种表面症状，它的背后隐藏复杂的成因。但失眠者有一个共同特征，就是他们多数都自觉承受过大的生活压力与凌乱思绪。高压的生活与凌乱的思绪会促使交感神经系统长期处于亢进，进而释放过多肾上腺素，令人易于失眠。

对于失眠，"潜意识对话 DIY"的语音引导能够有效地促使失眠者放下凌乱的思绪，进入深层放松与平静。此外，它能够转化当事人潜意识中促成失眠的障碍或信念。这种障碍信念的改变或消失所触动的失眠改善，是根本性的，而且是长期的。

　　许多失眠者使用"潜意识对话 DIY"一段时间后，往往就不再需要仰赖镇静药物入眠。

舒缓疼痛

　　此外，"潜意识对话 DIY"促成的平静与放松，被证实能缓解疼痛或令疼痛消失，例如像是术后的疼痛、意外伤害的疼痛、孕妇分娩疼痛、妇女经痛或部分生理疼痛，等等。

　　在提升生理健康方面，"潜意识对话 DIY"的使用只有加分。

"潜意识对话 DIY"触动心灵的提升

"潜意识对话 DIY"能够协助心灵的提升。

　　"潜意识对话 DIY"能够在不同层次与不同程度上，协助心灵的提升。下面将逐项介绍"潜意识对话 DIY"可能触动的心灵变动。

协助身体放松、心灵宁静

　　"身体放松"与"心灵宁静"是现代人渴求的两大期望。对于长期处于高压力中的人来说，保持轻松自在对心灵健康非常重要，如果没有它的存在，追求幸福快乐的期望就是奢言。

　　"潜意识对话DIY"本身即是一个既方便又有效的深层放松工具，它能够在读者不需做任何努力下，利用语音带动用户身体进入深层的放松，心灵进入深层的平静。当身心灵能进入深层的放松与平静时，许多与压力或焦虑相关的生理障碍会呈现实质的改善。

协助舒缓内在负面情绪

　　人生有个理想的图景，就是免于内在恐惧、担忧、痛苦与愤怒等负面情绪，没有负面情绪的生命旅程必定一切美好。人们该如何面对这些潜藏在潜意识中的负面情绪呢? 学驼鸟假装外敌不在可以忘掉它们吗?

　　所有内在负面情绪其实都是来自于同一个根源，那就是潜意识中与情绪相关的负面铭印，潜意识中的负面铭印会透过思想发酵。如果能够停止大脑不必要的思考运作，或者从根源中将负面铭印连根拔除，则各类恐惧、痛苦与愤怒等负面情绪，会自然同步集体消散。

　　"潜意识对话DIY"就是为了这个目标设计的。

减弱二元属性的小我意识

人们在"人本位"的思想下，所有感受的生命元素都存在着如同钱币两面的"正反二元属性"，例如"快乐与痛苦""拥有与失去""成功与失败""恐惧与平安""富有与穷困""嫉妒与祝福""健康与生病""荣誉与毁誉"和"地位高尚与卑微"，等等。

它们成双成对地在线性对偶的两个极端，拉扯着生命。当我们接受这些二元属性元素的存在，就会强化"小我"意识，就会促成患得患失的情绪。但"小我"喜欢它们，也仰赖它们去壮大自己。

"小我"喜欢从二元属性的两极元素中，做出好恶选择，它会去挑选喜爱的部分，像是快乐、平安、富有、祝福、健康、荣誉与地位高尚，也会厌恶不喜爱的部分，像是担心、痛苦、恐惧、穷困、生病、毁誉与卑微，等等。这种喜好与厌恶的两极性向，会促成生命沉浮在不断的渴求与失望中，目标导向下的追求令生命注定拥有高压与痛苦。

我们能不能够放弃"小我"所热爱的"目标导向生命"？我们该如何淡化"小我"？而促使我们能够在不介意成果与报酬下，自由地经营当下的生命，享受当下？

"潜意识对话 DIY"的设计，可以有效地淡化"小我"。

协助圆融人际关系

关系的圆融来自于宁静的心境、关怀与爱。"潜意识对话DIY"的语音引导能够促使心灵宁静，增进关怀与爱。

协助放下旧习惯，建立新习惯

我们生活中的习惯都来自于潜意识的掌控，这些生活习惯会决定我们行为的优劣好坏。人们讨厌自己的坏习惯，但面对这些坏习惯却总是无能为力。

面对不良习惯，利用意识下的正念去改善，一般效果平平。有效的方法是从潜意识下手。"潜意识对话DIY"能够对潜意识输入转化习惯的有效指令，促使放下不好的旧习惯，建立良好的新习惯。

协助放下回忆

潜意识的铭印海中储存了无以计数的既往回忆，以及与回忆相关的情绪。这些回忆与相关情绪，会不时地由潜意识的铭印输送到意识层面，促成重复回味那些无趣的痛苦历史。其实追根究底，连快乐的回忆都值得商榷，因为快乐与痛苦两种回忆实质上等价，都会为我们带来痛苦。所有的生命回忆均非良药。

聪明的人会学习远离回忆，活在当下。最好的情况是，每一秒刚流过的生命经验都能够立刻消失。回忆没有多少价值，不是吗？

"潜意识对话 DIY"可以对潜意识输入"清除回忆"的暗示，让潜意识：

☐ 启动遗忘机制，清除不必要的回忆

☐ 促使潜意识停止存储无价值的记忆

☐ 制止潜意识输送记忆到意识层面

没有记忆骚扰的心智会令你容易停留在当下。

协助放下过度担忧未来的心绪

恰当地规划未来是必要的，但过度的担忧未来却对生命没有帮助，而且它会促使你不必要地消耗了生命的能量。

小我意识喜爱不断地思考未来，而触动这个过程的始作俑者，就是潜意识。要彻底消除小我意识过度规划未来的恶习，得直接从转化潜意识做起。"潜意识对话 DIY"输入潜意识的暗示，可转化潜意识担忧未来的习性。

协助心绪留在当下

思想是让你离开当下的元凶，而离开当下就失去了享受真实生命的机会。若要放弃思想，聚焦当下，"潜意识对话 DIY"会是很好的帮手。

协助建立正向思考模式

我们的"遗传本质"或"既往经验"，会决定我们平日的思考模式，而负面思考模式就是困扰生命的源头。如果能够将"负面思考模式"转化为"正向思考模式"，你就可轻易地为自己的人生加分，让自己活在喜乐的生活中。

在正向思考模式下，你会坚定地相信"我的身体健康完美""我的能力很好""我爱我自己的一切"或者"我的事业将飞黄腾达"，等等。当你的"相信"是心灵真实的相信时，你的潜意识会无条件地为你的"相信"买单，将"相信"转化成生命的实相。

帮助提升记忆力与思考

现代城市人繁冗的生活会消耗大量的精神与能量，也会造成记忆力减弱与思考力迟缓。"潜意识对话 DIY"促成的平静与放松，会帮助降低运作生活各层面活动所需要的精神与能量。

协助提升工作信心与能量

多数人面对工作信心不足或能量不够，一部分原因也许是天生的，但大部分来自于潜意识中对工作的负面信念。人们都知道工作时应该加强信心与能量，但思想下的意志力却无法有效驱除潜意识中阻碍工作的负面信念。"潜意识对话 DIY"的设计，能够帮助驱除潜意识中对工作的负面信息。

协助创造心想事成的心灵机制

潜意识一直拥有帮助人们创造"心想事成"的魔术能力，只是人们不理解它的本领，也无法开启应用这个魔术能力为他的生命加分。"潜意识对话 DIY"能够帮助你开启潜意识中的"心想事成"机制。

协助开启工作的直觉力与创造力

创新不是由逻辑思维带来的，尽管最后的产物有赖于一个符合逻辑的结构。

阿尔伯特·爱因斯坦（Albert Einstein）

历史上有一些人否定消极生命观，他们感恩殊胜难得的生命，知道脱苦与去天堂并非生命目的，他们心中充满探讨未知与创新的欲望。但欲望归欲望，多数人在创新的领域交了白卷。

阻碍"探讨未知"与"创新"的原罪是思想意识。思想意识在本质上，会运用知识、经验与线性的思考逻辑去面对事件。但思想意识下的一切，不过只是博物馆中的历史陈列品，不管我们如何整合运作它们，都仍不过只是重复陈腔滥调的老把戏而已，无助于创新。

许多科学家或艺术家的创作泉源并非来自于意识的运作。

读者不妨思考一下，贝多芬的音乐知识足够协助他创作那些如天籁般的交响乐吗？

贝多芬自承创作灵感出自于莫名的来源。当他创作时，音乐会适时自动出现在他脑中，他并不需要思考如何创作音乐。他说："当我独自一人完全集中精神，或者夜晚无法入眠的时候，正是灵感最丰沛时。我不知道它们从何而来，也不能强迫它们的出现，我并非陆续地听到一个个音符，而是所有音符同时在脑中闪现。"

为什么爱因斯坦会天外来鸿，否定了牛顿的被人们视为真理的"时间与空间绝对性"？他曾说过，他的相对论是先在直观中感受到的，然后他回头去寻找公式证明它。

潜意识的运作模式与意识迥异，它具有某种科学无法解释的直观，一些天才会利用这种直观去"协助创新"与"感悟真理"。

希望尝试与潜意识一同创新生命吗？

想象力比知识更重要。因为知识是有限的，而想象力是无限，它包含了一切，推动着进步，是人类进化的源泉。

阿尔伯特·爱因斯坦（Albert Einstein）

协助开启更高的智慧

佛教的脱苦人生观很切实际，因为众生的确充满了苦痛。但脱苦只是消极的生命观，积极的人生观是在未知中创造。而创造需要超越思想的智慧。

思想不是智慧，它只是旧经验叠加而成的老东西。表面上你可以绞尽脑汁，复杂华丽地去综合、拆解或分析记忆中的老东西，但仍然只是旧东西。局限的思想一直是囚禁心灵的牢狱。历年来多少旧典范与信仰的崩溃，早就暗示我们应该远离偏执的思想。

如果我请你暂时停止思想，你也许会惶恐，会认定欠缺思想的生命是危险的。但你能够尝试相信，除开表层的思想逻辑外，在心灵深处另有个更接近真理的智慧吗？这个智慧就叫作"无意识"。

如果你想要寻求这个不可度量而且未曾谋面的"无意识"，你必须先勇敢地的跳出可度量的旧思想，因为它们相互抵触，有前者就没有后者，有后者就没有前者，因为两者活动于不同频率的脑波中。

如果你愿意借由"潜意识对话DIY"去探索未知蛮荒的内在，你可能会惊喜地找寻到超越表层思想的深层智慧。当深层智慧涌现时，制约的思想将会自动被搁置，心想事成的宇宙定律已为你开启，你必定会以崭新的生命姿态，进行创造性的生命。

协助提升心灵的自由

人们渴求拥有自由。多数人所谓的自由有两种：

　　□ 一种是拒绝什么东西的自由。孩子会对父母愤怒地嘶喊："我要自由！"所以他离家出走了。

　　人们会抗拒什么？压力、暴政，还是不公平？抗拒与自由无关。抗拒只是痛苦下的呻吟或是对应的行动，它是外境冲击下的对立产物，不是单纯的真自由。

　　□ 一种是满足什么东西的自由；一个人对另一个人抱怨："请让我纵情地享受生命！"

　　人们会想满足什么？金钱、地位、欲望，还是野心？"满足"也不过是"小我"放纵的渴望，它也不是真自由。渴求自由的自由不是真自由，它只是对抗不自由的渴望、不安与恐惧。

　　这两种心念下的自由都是假自由，"拒绝"是心念下的抗衡，而"满足"是欲望下的渴求。这两种自由其实都是一种反应，一种内在或外在冲动下的结果，或者是呼应一种心念下的结果而已。不是吗？

　　人们奢言希望在自由之下，去寻找生命的目标或成就创造性的生命，但如果不除去内在的不安、恐惧、愤怒、欲望或嫉妒心，自由根本就无法存在。

　　只有一种自由是真自由。

　　这种自由就是没有条件的自由，或者说，自由的自由。自由只是一种无求的自然心念或行动而已。只有真自由才能找寻到生命真正属于自己的目标，才能创新，才能发现真理。真自由可遇不可求，它只在无恐惧与无渴求的爱中才会自然地萌现。

只要存在自由，生命自当一切美好。想学习让生命像美丽的蝴蝶般，在当下自在地在花丛中自由地飞舞吗？如果你的答案是"是"，请跨出蜕变的第一步，从"潜意识对话 DIY"的练习中驱除渴望、不安与恐惧做起。

协助开启内在既有的爱与仁慈

如果佛陀三千大千世界真实存在，相信这个大千世界有一个不变的真理，那就是"爱"。但许多人并未理解什么是爱，也不清楚爱并非仅有一种，不同形态的爱拥有不同的属性。

有些人会以为当他们爱某个人、某个感受、东西或某个思想就是爱。其实连宽恕都不一定算是爱，宽恕只是对错误无法认同下的容忍而已。多数人感觉到的爱，是条件的爱，是私欲下的爱，是二元对立下的爱。它的反面是"恨"，所以，在文学中你会看到"爱恨交织"的字眼，去影射"爱与恨"的对立。

条件式的爱是人性的执取。

真正的爱不是条件式的爱，不是感官上的刺激或快乐，不是欲望或控制，也不是满足或要求。真正的爱是无条件的，无目的性，它是一种灵性的自然流动，一种灵性自由的展现，一种平静喜悦的接纳。

花并没有感觉自己很美，微风也不会自觉温馨，蝴蝶的舞态只是飞翔的肢体展现，美女的风华也不过是有心人的觉知。如果你相信有菩萨，也相信菩萨有爱，那个爱只是你的感受而已。菩萨并未知觉到爱，她也并不需要得到爱或释放爱，因为菩萨就是爱的本体，是"本来如是（As it is）"。

真正的爱是单向的，它与条件式的爱不同，它没有对应的恨。条件式的爱是人间的，而无条件的爱则是神性的。

条件式的爱是人们思想下的产物，那无私的爱在哪里？

无私的爱根本不假外求，它是你一直拥有的东西。它储存在心灵深处，只是被杂乱思绪遮盖了。你何必外求一个已经拥有的东西？

爱是宇宙至极真理，而宁静无念的心灵素质就是揭示这个真理的魔法。要想寻找这种爱，不能以思维下的"我"为中心来行动或寻找，它只有在寂静无念的无意识中自动显现。

当你能够在寂静中感受和领悟到无条件的爱，那生命的奇迹将会在你的觉知中展开。

在明心见性下，你的生命将充满了自我接受、关怀与灵性智慧，真理也将自由地展现在你生命中。当无私的大爱流入时，这种爱会令你自动呈现完美的道德素质，主动的修复不平衡的关系，并自然地伸出援手去帮助陌生人。它将为你消融生命所有的隔阂与障碍。

在"潜意识对话 DIY"持久练习与自我静心中，只要除去内在心灵障碍，真爱与仁慈会自动地萌现。

这种萌现的爱，将不再是思想构架下的某个概念或记忆，不是渴求或想获得什么的爱；它是一种无方向性、无目标性的一种无条件的爱，一种超越感官知觉且直接认知的初始状态。

协助理解生命真相

人类有一个秘密，那就是："大部分的人还在沉睡的梦中"，或者更直接的讲法是："无论是白天或晚上，很多人自以为清醒，但却是被催眠了"。别以为你只要张开眼睛看这个世界，用思想去思考这个世界，就会知道生命的真相。有没有可能你所看见的，以及经验到的，都只不过是在自我催眠下的心灵投射？

现代人的头脑失去了探知奥秘惊奇的能力，原因在于人的头脑是囤积者，或是收藏家，它一直致力于囤积更多更多的金钱、知识或是经验。但意识层面的信息只是别人的东西，或者只在大脑中东凑西补的既往经验。用表层意识内有限的知识或经验拼凑出的真相，多半只是让生命迷茫的假象，它会让真相擦肩而过。思想下有限但却杂乱无序的生命资讯，会促使心灵毫无多余空间容纳真相。

不妨想象一下，如果在大象拼图盒里添加了顽皮豹或红猩猩的拼图碎片时，你仍然可以拼出头一个完整的大象吗？

人们有机会接近生命根源的至理吗？

如果你有兴趣找寻真相，可否请暂时放掉大脑的好奇，放掉像科学家般喜欢问东问西的习性，冷冻你的思想，然后静静地坐下来在宁静中内观。

佛家参禅的先决条件，就是除尽妄想妄念后的无住生心后，方能"明心见性"。达摩祖师和六祖开示徒众最要紧的话是："万缘放下，一念不生"。释迦牟尼佛说地更简单，就是一个"歇"字。佛教的洞见已说明，万缘缠绕不尽，念头生灭紊乱，则真理无门，参禅无望。这些话是佛学参悟真理的先决条件。

对上述建言，你无法用大脑内的既往累加的资源去分析是否可行，只有亲身实践，才能告诉你真相。

修行悟道的方法既易亦难，既难亦易。妄想如何能被排除呢？"潜意识对话 DIY"可以有效地帮助你排除妄想。

在进行"潜意识对话 DIY"时，脑波会由 β 波转入 α 波或者更低频的脑波（θ 波或 Δ 波）。在低频脑波运作时，身体呈现极度的放松，β 波下的思想会静止，呼吸自动转缓匀，呼吸时可感受到身体同步的脉动，体内暖流四窜，身体转热，有时呈刺、麻或痒的状态，时间几近静止，空间不在。在此刻心灵会呈现清静、无念、无空、无时、无有的深层禅定状态，并会自动涌现一种非意识形态的觉知或直观。这种深层禅定状态就是佛家中的明心见性，我们称它为无意识。

当心灵处在于无意识状态时，它会直接联结到某个科学尚无法说明的某种网状相互交连的量子场。在交联中，某种量子态的讯息会进入心灵，促成一些殊胜难解的身心灵变动。

例如说，你的心境会恒常的宁静喜悦，充满了爱与仁慈，你会自然地留在当下。当你面对各类生命议题时，你会在内在升起某种非思想下的直观建言，这类建言会令你处理事情得心应手，与外围人际关系呈现一片和谐，并且能觉知生命的真相。

无意识可协助你联结到一个真相图书馆，生命的真相就储存在这个图书馆里，它会提示对生命的洞见与了悟。一些禅修者也曾经验过在无意识活动时，会自动联结到另外一个无法理解与定位的信息场。

对经验过深层静心的人来说，无意识并非想象或假设。当它浮现时，你根本不会怀疑它的存在或可信度，你会感觉"就是这样"或者"必然如此"。你会直接就安适地执行这个讯息的建议，它是引导生命的美妙讯息。

当真相浮起时，你毫不怀疑地知道那个讯息就是真相，就是一切的根源。知觉真相就像是知觉真爱，它就是如此的真实，你不必思考分析它，你也绝对不会问为什么。在真相前，大脑全然英雄无用武之地。

如果你对"无意识"的存在感到好奇，那何妨暂时以不批判的态度，打开心房，放宽心念，将自己置入深层放松的静心中，去自我经验"无意识"的存在。

进行"潜意识对话 DIY"时，如果能进入极深层的放松与宁静，你将拥有复制禅修者静心中经历无意识的机会。在深层的无意识中，你会惊喜地感到超越思想能分析理解的智慧与真相。

"潜意识对话 DIY"与静心的比较

■ **"潜意识对话 DIY"与静心的过程和目的相似，但也有相异处，整理如下：**

	潜意识对话 DIY 语音引导	静心
觉知主动性	被动利用语音协助内在觉知	主动进行内在觉知
身心放松宁静深度转入	初学者快速进入身心放松与宁静	初学者不易进入身心放松与宁静
α 脑波速度	初学者快速转入低频脑波	初学者不易转入 α 脑波
转化潜意识模式	被动由语音输入转化暗示	无念中无方向内观
转化潜意识效果	效果颇佳	初学者不易转化潜意识障碍
静心品质	协助静心初学者迅速身心放松宁静、放下念头	初学者需要长时间联系而获得品质的静心
长远功效	对引导深层智慧、直观灵感、生命真相的效果较差	对引导深层智慧、直观灵感、生命真相的效果较好

由"潜意识对话 DIY"的语音，可协助个案迅速放松身体，纾解情绪、压力与放下意识，所以它可被静心初学者作为初期练习静心时的辅导方法。但当静心初学者能够自行放松与平静后，就可以放下"潜意识对话 DIY"，自行进行静心。

请留意，"潜意识对话 DIY"是初学者静心的辅导工具，但无法取代静心。

■ 聆听"与潜意识对话 DIY"的注意事项

☐ 请找一个安全的室内聆听"潜意识对话 DIY"。

☐ 聆听时，请勿驾车或做动态的操作

☐ 聆听前请安排清静不被打扰的环境，例如，关闭手机，拔除电话插头

☐ 姿势不拘，以舒服为主，坐姿比较不容易在聆听时入睡

☐ 聆听时请遵循语音的指引，安静、专注且无念地聆听。

☐ 每次聆听时要尽量听完该单元

☐ 请参考"潜意识对话 DIY"九十天心灵日记内的聆听建议

3.1 静心

静心是开启丰盛生命的钥匙
是一种了解自性的心灵旅程
是所有心灵提升方法中最奇妙有效的方法

为什么学习静心？

有些人一生在伟大真理海洋的沙滩上拾集晶莹的卵石。与柏拉图为友，与亚里士多德为友，更要与真理为友。

艾萨克·牛顿爵士（Isaac Newton，1643年－1727年）

我在有声书内介绍静心，有两个特定理由。

其一：静心是开启心灵的钥匙

静心是开启丰盛生命的钥匙，是一种了解自性的心灵旅程，是所有心灵提升方法中最奇妙有效的方法。它不独能有效地进化心灵，增进身体健康，而且能提升通达真理的智慧。

其二：静心可加成"潜意识对话DIY"对丰盛生命的效果

"潜意识对话DIY"可以在许多部，呈现与静心相似的效果，它可促成人生脱苦得乐，并成就丰盛生命。但它无法像高质量的静心，可以跨越肉体生命，开启并提升通达真理的智慧与觉知。静心可加成"潜意识对话DIY"对丰盛生命的效果。

脱苦得乐是人生唯一的目标吗？

当人们沉陷于眼前无奈的僵局时，理所当然的，只能够忙着去"脱苦得乐"。但如果我们跨过眼前的障碍，将视野往前延伸，我们就会思考一个问题："脱苦得乐是人生的唯一目标吗？"如果你的答案是"是"的话，那就请你继续在苦海中寻找救赎方舟；但如果答案是"不是"的话，那你在脱苦之余，内在必定拥有寻找生命外更大真相的渴望。对于选择后者的人，静心会是帮助找寻答案的好伙伴。

对于有心提升心灵的读者，我会鼓励您除了善用"潜意识对话DIY"之外，并认真地去学习静心，因为静心可帮助您加速这个过程。相对应的，"潜意识对话DIY"也能够帮助静心初学者加速敲开静心的大门。

坊间有许多对静心的介绍，它们提示的学习模式不尽相同。为了给读者提供一个简易有效的方法，本书往下将介绍静心。

外在世界是内在世界的投射

生命中我们面对两种世界，一种是身体外的外在世界，一种是心灵内的内在世界。我们多数人会误以为：外在世界对我们而言是个客观独立的，非我们所能影响的内心世界。

但实情并非如此。

外在世界并非是与我们分离的独立变量，它与我们的内在世界"比肩齐动"，也是我们内在世界的投影。不同的内在世界会创造出不同的外在情境，你想要什么世界，你就会经验你所创造的世界。

如果这个现象属实，那么要想解决"外在世界障碍"的秘方，将不再是去处理"外在世界的障碍"；最佳的方案是去"调适创造外在世界障碍的内在世界"。如果你能善处内在世界，那么你想期望的外在世界就会自动发生。内在世界才是一切生命现象的根源核心，对这个现象的真实觉知，可促使我们在人生波涛中顺风扬帆，驶向新乐园。

要学习在静心的宁静空寂中真实地去内观觉知你的内在世界。在觉知时，烦恼就会止息，真相就会萌现，而你的新世界就会被创造出来。

如果有人很诚恳地问我生命建言，这个对象不论是谁，我都会

紧握着他的手，带着诚挚而感动的眼神，语重心长地告诉他："请
静心"。

静心不是选项

许多人都能朗朗上口说静心。多数人谈到静心虽不排斥它，但
会认定它只是个生活外的多余东西。到底静心是生命中多余的东西，
还是并非多余？

我认为静心不是选项，所有的人都需要静心。

企业家需要静心。

静心能够让企业家在面对工作时，焦躁高压的心境开始变得既
放松宁静，而且不再市侩。他会发现工作变得有趣，而赚钱变得次要，
他心中将会充满了对工作自由创造的企图与喜悦。

此外，他的眼睛将不只是看着工作，他开始看着多年没有留意
的家、妻子（先生）、孩子、宠物、街道、周遭的大自然。他也开
始投注时间感受他心里真正想要做的，而不只是赚钱的工作。

父母需要静心。

静心能够让父母在面对孩子时，不再感觉到对孩子未来的恐惧
与担忧，他们会用无条件的爱对孩子说："让爸妈做你的朋友，能

不能与我分享你心里想说的、想做的？"

他们将放下社会的价值观，不再逼迫孩子去学不该学的，背不该背的。他们会在静心中直指见心，看清孩子们的真实属性，为孩子量身打造适合孩子们的未来。

他们会告诉孩子："孩子，爸妈不希望你变成模仿的鹦鹉，爸妈要你懂得勇敢地放下知识与权威的制约，用自由的创造心念去享受工作的过程，而不是去介意赚取多少财富、荣誉或别人的掌声。过程远比结论重要。"

他们会教导孩子生命的哲学，告诉孩子："孩子，你要懂得拥有健康的身体与喜爱的事业，但爸妈告诉你，心灵的宁静喜悦超过一切，你更要懂得学习无条件的爱与付出，付出比取得有福。"

他们也不会忘了告诉孩子："要学习放下心灵的时间刻度，不要看过去，不要看未来，要懂得活在当下，用宁静喜悦的当下心灵看着，聆听与感受生命的一切。"

先生（妻子）需要静心。

因为静心能够让先生（妻子）在面对妻子（先生）时，不再比较"现在的她／他"与"刚结婚的她／他"，有什么不同。他不需要再原谅或宽恕她的一切，因为静心下升起的仁慈心早就跨过私欲、渴求或依赖的爱；他也不再抱怨、愤怒、或者感觉委屈。

他会在当下接受她现在的样子，就像接受孩子现在的样子。他会在当下用温柔的心与眼神静静地走到伴侣的前面，紧握着她的手，然后对她说："谢谢你的一切。谢谢你选择了我，来到我的身边，谢谢你不管刮风下雨，陪伴着我这么多年，谢谢你丰盛我的生命。谢谢你！"

然后他会持续地对着她说："如果生命中你有着痛苦、不开心，那都是我的错。对不起，请原谅我无法承担消减你的痛苦。"在静心中，他的埋怨转化成了承受，不是不问是非的勉强承受，而是心灵仁慈的共鸣。他开始觉知到生命的秘密与真相。

孩子需要静心。

父母的期待、课业的压力与物质唯上的社会价值观，所促成的焦躁忧患的孩子需要静心，静心能够让孩子的心灵变得平静喜悦，促使他们在面对未知生命时，不再介意无谓的成绩，不再依恋游戏、手机、朋友群聚或者 Facebook 去填补空缺的寂寞心灵，也不再追随世俗教条去决定他们的前途。

他们会学习乔布斯，知道生命该做什么对他们是最好的、最开心的。他们的心中会自然地生起对生命的关切、热诚、爱与智慧。他们会用充满了爱与感恩的心走到父母的前面，紧紧地拥抱着父母，然后对他们说："谢谢你们选择了我来到这个家，谢谢你们为我所做的一切。我清楚地知道我该做什么让明天更好，请不要担心。"

政治家需要静心。

政治家在静心中会理解政治生命的真谛，理解政治不是私欲下芝麻开门的钥匙，而是佛性大爱展现的舞台。

他会在平静心下放下教条式的党纲，以更智慧的宏观，理解什么是该做的，什么是不该做的，什么是想为自己做的，什么是想为人们做的。他们不再虚伪、愤怒、不安与恐惧，他们不再渴求更高的位阶权力、更多的掌声，他们内在将升起新的觉知，教导他们放下自己，做一切促成社会更幸福美好的事情。

教育家需要静心。

教育家在静心中，会对他们的教育理念有新的批注。他们的内在会升起宁静而慈悲的情怀，他们会不再介意学校的名声与排名，不再过分地关切学生的成绩好坏，也不再把"自己要的"放在"孩子们真正要的"前面。他们会语重心长地告诉老师与父母："身教超越术教。"

痛苦、恐惧、担忧、寂寞、焦躁、高压与嫉妒的人面对静心有福了。在静心无念觉知中，这一切心念会自然地消散。

如果读者能利用"潜意识对话ＤＩＹ"，快速学习如何放下思想与放松宁静，然后耐心地去经验静心，我坚信上述的这一切都将发生。

为什么静心很热门?

在现代，静心很热门，很多人都在做静心。

一些佛教寺庙也配合这个流行，安排在寺庙内打禅三、禅七，报名还不太容易。我认识很多的人都参加过打禅，参加打禅的人要换上禅服、关闭手机、禁声禁语、吃素食，整天不是静坐，就是做一些宁静心灵的事情。

为什么静心很热门呢?

许多现代人生活繁忙，充满了压力、焦虑和痛苦，他们会尝试找些快乐的事情去解除压力和痛苦，例如像是做 Spa、出国旅行、躲入酒精里、成瘾在大麻里、找寻心理医师、参加心灵疗愈课程、看心灵书籍或者投入宗教。当他们仍觉得压力痛苦已到达临界点时，他们会尝试静心。因为很多经验过静心的人发现静心能够帮忙减轻压力与痛苦，让心灵宁静。

许多人都知道静心，但并不是很清楚静心真正是什么?

静心是什么?

静心其实有许多派别，例如像是静心、静坐、禅修、气功或瑜珈，它们外表虽不尽相同，但谈的都是观照自己的内在，或者讲通俗一点，就是了解真正的自己。

凡是能通过任何方法，促使身体放松、心情宁静与思想停止，而令脑波在 α 波下去观照内在世界时，这种方法就可称为"静心"。

练习静心易犯的错误

练习静心成效良好的人不多

现代练习静心的人很多，但练习静心而有良好成效的人比例不高，为什么呢？因为练习静心的人对静心的某些观念或做法有错误。以下分成几点来讨论。

原因一：练习静心者缺乏对静心的信心

如果想要成功地经验静心，而且能够从静心中获得实质好处，静心者首先要能够排除对静心功效的怀疑，你要深信静心对身心灵的功益。当你缺乏信心时，你如何能够什么事都不做，只是静静地坐着？你会让正确的也变成是错误的。

原因二：练习静心者缺乏耐心

多数静心初学者的内在充满了焦虑痛苦，当他们静心时，内在情绪令他们的大脑里像是有多只愤怒的大象在角力冲撞，或者，身体内好像万蚁钻动。这些生理冲撞令他们更加烦躁。在这种情况下，他们如何能按捺全身的不舒适，强迫自己静心呢？

我经常陪同伙伴们静心。一些人静心时坐立不安，身躯如蚯蚓般不断地扭动，连想静坐五分钟都办不到，更不必奢言放松。这些人在初期尝试静心遭到挫败后，多数会放弃静心。

"缺乏耐心"与"不能持之以恒"是许多人静心失败的主因。但这是一个矛盾，因为许多人不能静心的理由，其实就是想学习静心的目的。所以，"烦躁焦虑"是促成学习静心的最好理由，而不是拒绝静心的借口。

如何面对静心初期的焦虑烦躁？

当静心者在静心时，如果感觉烦躁焦虑存在，其实他什么都不必做，也万万不必对抗。他唯一要做的，就是将自己从烦躁焦虑中抽离，变成一个"与我无关的第三者"，去观照情绪就好了。在观照中，焦虑烦躁会自动消失。

此外，静心初学者不要太介意静心能坐多久，也不要管静心质量好不好，他们唯一需要做的，就是强迫自己坐着静心。只要有耐心，练习久了静心质量自然变得很好。

原因三：静心不能有目标或目的

静心在本质上是个放下思想的过程，因此，静心时心里不能拥有目的。任何目的，不管是明示目的或暗藏目的，本质上都是思想运作下的产物。目标导向的静心会失却体验实相的机会（图238）。这是许多静心者失败的原因。

静心时最常见的目的是：

☐ 想要消除焦虑痛苦

☐ 想要寻求平静喜悦

☐ 想要寻找生命真相

☐ 想要感应灵异现象（例如脱体经验）

但对人们来说，要求他们不思想或者行动不存在目的很难，因为它不符合一般人的生活习性。

许多人把静心当作是家庭功课。当你认定静心是功课时，就等同拥有目的，一旦有了目的，就表示思想又参与了，思想参与会摧残静心的质量。

所以，当你想静心的时候，请直接闭上眼睛，什么都不想，什么都不做，别管发生了什么，念头或情绪来了就来了，走了就走了，你只是用"与我无关"的心看电影就好了。你不要告诉自己："我要静心，我要有个比上次更美好的静心，我要呼吸再慢一点，或者，我要静心再久一点。"

原因四：许多人迷恋静心的美妙经验

许多人会迷恋静心，乐此不疲，因为他们在静心中会经历到无可言喻的美妙情境，像是感应到灵异现象，脱体经验，寻找神、菩萨、佛陀、天堂或西方极乐世界。由于静心中这些现像是如此真实，甚至于还是彩色 3D 的，他们会将这些经验认定为实相。

到底这些静心过程中所经验的情境是实相还是幻相？这个问题不易回答，但不排除部分的这类经验，可能是自我催眠下所投射的幻相。

举例来说。

在某个心灵课程中有一位学员正在被催眠师催眠中，催眠师为了要课程学员理解催眠中暗示的效果，他对这个被催眠者开了一个无伤大雅的玩笑。他在催眠中对被催眠者下了一个指令，他说："等一下当你清醒的时候，你会在你的手上发现一张百元大钞，你会很热心地拿着这张百元大钞去楼下的7-11，帮学员买一些零食。"催眠师讲到此时，在被催眠者的手上放了一张卫生纸。

这个学员清醒后，他热心地走到楼下的7-11选了一大堆的食物。结账时，他把手上的卫生纸交给收银员要求找钱。收银员当然无法接受这个学员的卫生纸，双方陷入了争吵。

学员认定卫生纸是百元大钞的"错觉"，来自于心灵被催眠师植入的暗示所制约。

以这个实例为证，不排除静心过程中静心者所经验的情境，不过只是心灵投射的幻相。静心中的幻相会暂时带给静心者"欢喜的离世感"，但却无法排解内在心灵内的焦躁迷惘。

我曾认识一位朋友，自称静心多年，静心时身体似乎消失，灵魂好似离体，有时会见到菩萨、佛陀。他很欢喜静心，也收了一些徒弟。

有一天，我陪他一起静心，我用静心语音引导他进入深层的放松。当他进入深层放松后，忽然间惊跳而起，仓皇地冲出房间。他惊恐地告诉我说，他看到一个群魔乱舞的阴暗世界。

为什么他在我陪伴下的静心会有不同的经验呢?

因为他在静心中一直渴求灵异经验,而这些渴求灵异经验的心念,在他自我催眠下植入了他的内在。当我带他进入了无念的深层放松时,他无法像平常去依循自己的渴望,再次显现他所要的灵异经验,而取代的是,他内在深藏的恐惧开始浮现,并以群魔乱舞的幻相呈现出来。

> 静心者静心时须确定没有目标,让静心的过程只有放下,没有取得。因为静心时见到或感应到的一切都要放下。当光、佛陀或西方极乐世界出现时,静心者必须见光斩光、见佛斩佛、见魔斩魔。任何目标论下的静心是假静心,这个观念至要。

原因五: 仰赖上师的教导

很多人对学习静心没有信心,不相信自己可以独立成就它,他们总喜欢从别人那里得到启蒙。他感觉静心是个困难的专业技巧,像是学习打高尔夫球,或者学习开车,必须有个老师教导才能学得好。

这个观念既对也错。

对的是:静心可以有老师;老师可以告诉你静心很好,不做静心太可惜了；老师会指点你如何进入静心大门，并指点你静心的重要观念，但到此为止。

错的是：老师不应该教你如何去体验静心的过程，或者该去觉知些什么；静心是你个人对内观照一切的经验，它既没有罗盘，也没有计划或目的，它只是个无方向性的自由觉知。既然静心是对内观照你自己，而你是独一无二的，那么老师既然不是你，他又如何能奢言引导你去感受你自己的内在呢？

这有点像是，当你在电影院看电影，看得正精彩的时候，你的朋友在旁边对你指指点点，教你怎么看这场电影。试问你会谢谢他的指点，还是请他安静？

再想象一下。

如果你眼前有一盘糖醋排骨，你会不会很害怕？会不会不相信自己有能力体会这盘糖醋排骨到底是什么味道？你会找个"糖醋排骨上师"教导你感受糖醋排骨吗？你为什么不自己品尝排骨？

真相不能被渴求，这就像是"道"，不能被说明。言语的说明，思想的推衍，或者渴求下的"道"，都非真相。真相只是个被动的自然觉知，因为它就是这个样子。

如果你同意我的看法，你就得理解静心必须是一个孤独的过程。你得放弃对权威的依赖，去像佛陀般，自己也找棵树（沙发也好）去静心，去在寂静中觉知内在自性传给你的讯息。

你要学习像是个宁静的、孤单的猫头鹰，站在山顶的高枝上静静地看着这个世界的一切，在看的时候，你没有思想，没有情绪，没有想要什么，也没有想做什么，你唯一做的，就是静静地观察一切。

好的心灵导师不会告诉你必须向他学习，不会不断地教导你知识，或者鼓励你反复背诵信仰。如果他如此做，他就是否定你的独一无二的自性，就是打算将你变成鹦鹉。他唯一要你做的，就是教你尝试静心，并给你不要半途而废的信心。

讲一个小故事隐喻静心的迷失

一位众人景仰的心灵上师经常为信徒说法解惑。有一天，在众徒环绕中，这个心灵上师嘴角带着智慧的微笑，突然伸出了右手的食指指向窗外。众多信徒惶惑不解老师的行为，沉默了许久。

最终，一个信徒突然灵光一闪，恍然大悟，他大步冲上前去抓住老师的手指狂吮，导师惊恐地快速抽回疼痛的手指，对着这个莽撞的信徒说："我不是要你咬我的指头，我只是要你注意我手指指向的月亮"。

静心的老师不能教导学生任何静心技巧。他唯一能做的,只能把手指向月亮,告诉学生要注意并进入那个月亮。记住,静心的陷阱是双向的:进行静心的人要懂得避开,而教导者则更应懂得避开。

原因六: 团体静坐不一定好

有些人怕自己无法静坐,会去参加团体静坐,这个动机是好的。因为当人多一起静坐时,他不好意思一个人溜掉。

但从静心质量上来说,除非少数祥和的高能量场,团体静坐不一定是好的,因为静心在本质上是一个"孤独的自我觉知过程",而团体静坐与这个原则抵触。请想象一下,假设有一个帅哥(美女)参加企业菁英班的团体静坐,如果在静心时,他的右边坐的是身材火暴的金发美女,而左边坐的是传来阵阵狐臭的胖妞,他静心的品质会好吗? 团体静坐可能反而帮倒忙。

原因七: 静心根本不是一个方法

很多人对静心误解,以为静心是一个成就什么目的的方法。就因为一些人误以为静心是个方法,所以他们才不断地拜师学艺。这个观念背后隐存缪思。

任何所谓的方法，意指它的背后必须用思想去推动。想象一下，你可曾使用任何方法时，会没有思想介入吗？既然静心是一个放下思想的过程，那么，当你认定静心是一个方法时，你就已经邀请了思想加入静心，这样的静心质量是不会好的。

静心者必须了解：

静心根本就不是一个方法，它是我们与生俱有的本能，只是我们有了思想后就暂时忘记了这个本能。静心有点像是呼吸，它不是一个方法，你从来不必学习呼吸就会呼吸，它只是个自然的反射，一个没有方法的方法，或者简略地说，它是一个"无法法"。

■ 到底静心有什么效果？

往下我将讨论静心的效果。我所认定的静心效果，部分来自于静心者的静心经验，部分来自于科学研究，部分则来自于我个人的静心体验。

静心所促成的身心放松宁静与低频脑波下的内观，是调适身心灵的良方。它可能为你促成下列的身心灵提升：

☐ 增强身体免疫能力

☐ 预防或改善呼吸道、头痛、胃痛、神经系统等疾病

☐ 协助身体放松、心灵平静

☐ 舒缓担忧、恐惧和痛苦等情绪

☐ 放下贪念、嫉妒、依赖、渴望等执念

☐ 改善思考模式、习惯、性格和行为

☐ 协助留在当下

☐ 提高工作能量、信心

☐ 提升记忆力、思考力

☐ 开启更高生命智慧

☐ 提升心灵自由

☐ 协助开启直觉力与创造力

☐ 开启内在既有的爱与仁慈

☐ 协助开启觉知生命真相之门

■静心的准备

静心时，请注意下列事项：

□ 挑个噪音少的宁静地点，最好在室内。如果在室外，选择静态的安全地方。

□ 许多静心课程会强调盘坐，盘坐很好，但不善盘坐的人不必刻意盘坐，不同姿势都可达到好品质的静心。姿势以舒服为主，但不要舒服到睡着了。

□ 一些静坐要求脊要挺直，但其实无妨，找个适合的姿势就可。

□ 某些静心要求手部放在特定位置，其实不必介意手部摆哪儿，感觉舒服就好。

□ 基于个人根性不同，可自选闭眼或开眼。如果选择开眼，请微张，盯住眼前不远处某物件，三分眼神聚焦在眼前选择的物件，七分眼神可散观四周。

□ 用胸部呼吸或腹部呼吸都可，重点不在呼吸模式，而在于感觉自然。

□ 着装以宽松为宜。松软的衫裤会帮助身体容易放松，呼吸也易舒畅，情绪也较平静。其它的时机也无妨，只要不在身心疲累时就好了。

☐ 避免在餐后过饱时静心。

☐ 静心时间长度没有一定之规，能够连续十分钟就会有效果。

☐ 不要在静心过程中去控制任何事情。

☐ 有些静坐会讲究特殊的身体姿势、手势、规矩或口诀，其实有也好，没有也好，不必刻意去介意这些 SOP。既然静心是个放下的心灵觉知过程，任何刻意遵循的规矩都是隐藏目标，隐藏目标的静心会阻碍静心的放下。

静心的基础心念：无念当下觉知

静心要有正确的基础心念，它的基础心念简单，就只有六个字："无念当下觉知"。这六个字包含了三个元素："无念""当下"与"觉知"。

无念：

无念就是没有念头，没有思想。我们生活中依赖思想行动，思想讲的"取得",而静心却是相反,它是个放弃思想的过程,讲的是"放下"。

当下:

当下就是现在。静心要留在当下。

觉知:觉知就是以一个第三者的角色,客观无念地观察一切内外在现象。

如何无念?

现代人平日大脑中充满了思想。思想永远是野心家,喜爱得到些什么东西,也是个收藏家,喜爱囤积东西。"得取"与"囤积"的心念都会消耗能量,迷惘觉知,创造不同形态的情绪,也令我们离开了当下。如何面对大脑内斥乱的思想,是现代人当急的功课,也是难题。

想静止思想,必须用思想以外的方法,因为任何思想运作下的方法无法静止思想。

在这个考虑下,只剩下一个选择,就是静心,因为静心是个放下思想的过程。对初学静心者而言,这是个挑战,因为静心者要说服顽抗的大脑什么都不做。

　　静心过程中如何无念呢？

　　如果你想放下或净空思想，千万不能对自己说："我要放下思想。"思想像个骡子，你愈想拉它，它就愈往反方向走，你愈想放下思想，思想会愈多，愈凌乱。知道为什么愈想放下思想，思想会愈多愈凌乱吗？因为当你静心时如果想动念放下思想，你所用的工具仍然还是思想。企图用凌乱的思想去放下凌乱的思想，是全然无用的。套一句俗俚："一家人，鬼打架。"

　　那该如何停止思考？在静心时抛掉思考可以用两个方法。

　　其一：不要认同或排斥思想

　　多数静心者只要一闭眼睛，心里说我要静心，那念头反而变得更多了。这个现像是正常的；因为平常当我们面对工作时，思想会聚焦在眼前事件的一对一运作，比较单纯。但当静心时，你什么事都不能做，那你等于邀请内在深埋的众多念头像是猛虎出山、蜂拥而出。

　　所以初学静心的人不要埋怨自己的念头多，因为那是理所当然的。

　　那该如何放下念头？

　　其实很简单，你要反向放弃指控大脑的顽劣，不要管念头就好了。当念头出现时，你什么都不必做，让念头自由地来去就好了。当你不再对抗或关切思想时，思想就会停止运转，自行消失。

> 此时，你会发现你的心渐渐变得清空，清空到好像是一片蔚蓝的天空，它既可包容一切，但又不必存留一切。你的内在会呈现一片美丽殊胜的宁静，静默到像是宁静的湖面，没有一丝涟漪，它完美地映照一切，但也不必存留一切。在心清空的当下，你将深深地感受到你已经进入智慧的核心。

其二：当下觉知现象时，思想会自动地消失

你的心智有一个特色，它一次只能容纳一件东西，你可以善加利用这个特质去掌控你的思想。当你的心智选择性地聚焦觉知"某个现象"时，思想会自动无法运作。

如何放松平静？

在静心的过程中，身心必须是放松平静的。没有深层的放松平静，就不会有真正的静心。

对多数尝试静心的人来说，这可真辛苦。现代人生活中都充满竞争、过度思考与压力，身心灵极难放松平静，这些人在静心时会焦躁不安，连静静地坐个五分钟都很困难，多数人在静心挫败后就放弃了静心。

焦虑烦躁的人有方法在学习静心时放松平静吗？

其实每个人都可以放松，那几乎是我们的本能，只是繁忙的心智会阻挡放松的本能。

请了解，放松是结果，不是方法。所以，当身体接到平静放松的强制指令时，反而会更加紧张，更不会放松，这是许多人无法放松的主因。

想要自然地放松平静很容易，只要放弃对身心的任何诉求，改成在当下聚焦觉知身体内外在的现象即可。只要你如此做，身心自动会趋向放松平静。

如何促成静心留在当下？

被动与宁静地聆听观照

现代人都知道什么是当下，但极少人真正能够将自己"留在当下"，没有当下的生命等同没有享受真实的生命。还记得小的时候很容易快乐吗？那是因为小朋友比较会将自己放进当下，自由自在地享受眼前出现的一切，小朋友们是当下专家。

不妨大胆地猜一下，一个大字不识的耕田农夫与一个大思想家或大科学家，哪一类人比较活在当下？

正确的静心是个练习停留在当下的过程。想"留在当下"，则内在必须不存在时间元素，不存在"过去""未来"与"思维念头"。"留在当下"的唯一方法，就是去客观、被动与宁静仔细地聆听观照一切内外在的当下现象。

觉知外在环境讯息

例如说，你可以打开你的五官意识，去觉知身体外在环境中的一切讯息。

例如，你可以打开你的听觉，去倾听周遭传来的环境声音，这个倾听包括了声音的一切特质，像是大小、节奏与频率，等等。你可以倾听大自然传来的风声、雨声、鸟虫鸣叫声、海涛声，你也可以倾听生活中外围的环境声音，像是人声、冷气声、车声，等等。

倾听时，声音的来源与质量不重要，重要的是，你是否在当下仔细无念地倾听。当你只是无念无为地倾听，不做任何分析论断时，你就成功地留在当下了。

观照呼吸

除开倾听外，你可以觉知观照体内的一切现象。最直接也最方便的觉知对象，就是"呼吸"。呼吸有许多值得去观察的地方。

如何观照呼吸呢？

☐ 先想象自己是一个客观独立的观察者

☐ 将注意力聚焦在呼吸的每一个刹那

☐ 不要刻意地去影响呼吸方式

☐ 慢慢地感受每一个呼吸带动的身体感觉

☐ 吸气与吐气的时候，观照胸腔或腹腔的膨胀与收缩

☐ 吸气与吐气的时候，感受空气进出鼻腔内黏膜的一切细节变化

对于呼吸时空气进出鼻腔内黏膜的变化，你可以做下列观察：

☐ 感受在呼吸的时候空气通过鼻尖的速度

如果呼吸的时候空气通过鼻尖的速度快，就感受快；如果空气通过鼻尖的速度慢，就感受慢。在感受中记住不必做什么，不必介

意空气速度的快慢，只要自然平静地去观照就好。

□ 观察空气通过鼻尖的空气量

□ 感受空气通过鼻尖的稳定性

感觉空气通过鼻尖的流动很稳定吗，还是有波动？不妨以刹那的单位警敏地去感受。如果感觉到稳定，很好；如果感觉到不稳定，也很好。

□ 感受空气通过鼻尖的温度

□ 感受空气通过鼻尖时鼻尖周边肌肉的变化

感觉在吸气的时候，鼻尖周边肌肉的膨胀，感觉鼻尖变大；感觉在吐气的时候，鼻尖周边肌肉收缩，感觉鼻尖变小。观照呼吸时，你的心智就无法做任何的事情，身心的放松平静会自动发生，你也会自然地进入当下。

观照身体的放松状况

另一个留在当下的方法，是直接跳过头脑，去观照身体的放松状况。

静心者可以依序从额头往下一直到脚趾头，仔细观照身体的每个部分的放松状况。当观照身体放松的程度时，身体会自然地放松。

观照内在二元情绪

静心时，你也可以将注意力聚焦在你内在的心情，去感受内在心情是否平静。

在感受时，你不要捡选或批判心情。如果感受到心情平静喜悦，很好；如果感受到心情不平静，也很好。感受不平静的心情要像是去感受平静的心情一样，它纯然只是一个观照的过程，你不必刻意去影响或改变这个心情。

如果静坐时感受到快乐，很好；如果静坐时感受到悲伤，你也要静静地坐着观照悲伤，不要排斥悲伤，因为悲伤与快乐等值。

静心时如果观照到恐惧，不要排斥它，你只要静静地以一个第三者角色去观照恐惧的一切，它就如同湖面上的雾，在观照中自动地消散。静心就是帮助你寻找恐惧根源与脱离恐惧的有效方法。

当觉知中看着心灵的一切，心灵才能够沉静下来。你会惊奇地感觉某种未曾经验过的无边寂静进入了自己，这是一种奇特的体验。

冥想景像

静心时有些人会去冥想某些景像。

例如像是具像的美丽风景、草原漫步或者小溪泛舟，等等，也有些静心者会冥想一些比较抽象的情境，譬如说，观想某种光在体内运转、体内的脉轮、某个宗教的神、曼陀罗图案，或者背诵佛经、咒语。

静心是"放下"，而非"得到"。

建议冥想时要避免假戏真做，任何假性的投射终究并不真实，如果静心者相信这些是真实存有，而且执着于这些幻相时，就失去了静心品质。所以再次提醒，面对静心中的幻相，要能够"见佛斩佛，见魔斩魔"。

　　一切有为法，如梦幻泡影，如露亦如电，应作如是观。

　　　　　　　　　　　　　　　　　　　《全刚经》第三十二章节

进入低频 α 脑波

静心者在当下觉知下，身体自动会趋向平静放松，大脑会进入低频 α 脑波。当静心者在静心 α 脑波或更低频脑波时，他会感受思想停止造作，会觉知到"我"已不存在，但他并非沉睡。相反的，他的深层潜意识与无意识开始浮现与活跃。

在低频的脑波中，他会开始觉知到平日在思想运作下无法觉知到的另一个心灵领域，在这个领域中，他会对生命各层面有新的领悟，也会建立新的能力与智慧，去创造不一样的人生。

静心初学者的终南快捷方式

学习静心像是打高尔夫球，入门容易，但深入难，不过对静心初学者有个终南快捷方式。

静心初学者在学习静心时，会不易放松平静，而且充满思想，他可以利用"潜意识对话 DIY"作为深入静心的敲门砖。因为当他被动聆听"潜意识对话 DIY"后，身心灵会极易达到放松平静，思想极易放下。

当静心初学者能轻易达到放松平静与放下思想时，他可慢慢放下"潜意识对话 DIY"，开始去体验静心。一般在使用"潜意识对话 DIY"约三个月之后，可开始练习静心。

高质量的静心需要耐心去体验。但静心是内在本能，只要愿意，最终必有成就。

4.2 当下

"静心"是闭上眼睛的当下觉知
"当下"是睁开眼睛的动态静心

你理解你的当下吗?

创造生命最大欢喜与成就的世间法,不见得是当下热门的众多法门,而是能够将自己思想放下的方法。前面谈到的"潜意识对话DIY"与静心,是放下思想的有效模式,它存在于静坐时刻。而另一个有效的模式,则是存在于生活中的每一个刹那,那就是将自己留在当下。

很多人都很熟悉"当下",知道当下就是"现在",说话时也会掺杂着"当下"字眼,但很少有人真能正理解"当下"的真正含义,也不清楚它对生命的巨大影响。此外,不同的人可能有不同的"当下"定义。你曾经检视过你的当下属性吗?

> 其实"静心"与"留在当下"两种生命模式极为相似，它们同样是放下思想的模式；"静心"是闭上眼睛的当下觉知，而"留在当下"则是睁开眼睛的动态静心。

我想谈一下禅修者的"当下"来应对你的当下。因为论素质，它是唯一可被认同的当下。如果你能够学习将自己留在禅修者的当下，它会强化你生命质量的提升。

定义禅修者的"当下"

两种心灵运作模式

于禅修者而言，他们"留在当下"的定义是：在生活中无念观照生命现象。他们在观照生命现象时，思想是不存在的。然而相对应的，多数人虽然宣称活在当下，但他们的思想并未放弃运作，所以他们的当下不算是真正的当下。

在生命中，当我们的五官意识捕捉到外在有关人、事、时、地、物的讯息时，这些讯息会被传输到大脑，大脑接收到外在讯息时，会有两种运作模式。

思想意识运作模式

第一种心灵运作模式是"思想意识运作模式"。多数人采用这种模式运作心灵。

思想意识运作模式是人们面对外在现象时，一种非当下的神经系统运作流程。

多数人的大脑在接收到五官意识传来的外在讯息后：

☐ 他的思想意识会运用内在储存的知识、经验、回忆与信仰等资源，去描述、定义、分析、比较与判断进来的讯息。

☐ 思想运作后所产生的信息，会促成大脑不同部位的反应：下丘脑及垂体会依该信息调节生理状态以适应环境；海马体会负责记忆讯息；而负责情绪的杏仁核则会呼应这个信息产生相应的情绪。

这个流程的前半段是收集外在讯息，它的后半段则是思想的运作。思想的运作会促成身体的生理反应，建立记忆档案与产生相应的情绪。

这个模式隐藏了三个可能发生的缺点：

其一：无法判定事件的真相

思想意识在判断解析外在讯息时所使用的资源，是它内在既存的有限知识、经验、回忆与信仰，等等。当人们运用"有限资源"

去面对"多变量的未知现象"时，它所引导出的结论经常是错误扭曲的，因此，他将不易看到事件真正的内涵与背后隐藏的真相。

请回想一下，生命中我们在事业、投资、爱情或者关系上的决定，有多少是思想的错误促成的？我们一直仰赖思想，但思想却经常伤害我们生命的质量。

其二：产生情绪

思想运作下的必然副产品，就是情绪，然而多数的情绪是负面的。

举例来说，当一位两年前与我吵架并且让我愤怒的人，此刻站在我眼前的时候，虽然他早已改变了习性，但我没有仔细地看着现在的他。取代的是，我回忆起两年前的愤怒。当这种负面情绪升起时，我既无法看清楚当下的他，也不耐烦理解他言语的内涵与背后的真相。

其三：过度耗费精力

思想的过程会耗费精力。回想一下，常常吃头痛药或者做 SPA 是为了什么？

这个"思想意识运作模式"是个非当下流程，也是个标准的"小我"运作模式，它无法协助创造更智慧与和谐的对应关系。

许多人在观照外在世界时会由思想主导。"思想的世界"与"当下的世界"是对立的。如果你欢喜"思想"，你就无法活在当下。

如果你想留在当下，你就不能依赖思想。想一想，当你在思想时，你能够仔细地观照眼前的现象吗?

无意识运作模式

第二种心灵运作模式是"无意识运作模式"，它是少数人或者是禅修者面对外境的当下运作模式。

在这个模式下，当五官意识捕捉到的讯息传入大脑时，这个讯息并不会到达大脑的思想意识部分触动思想的运作，它纯然只是一种无念的觉知。在这种无念觉知下，内在更深层的无意识会自动升起运作。

"无意识"与"思想"是两种截然不同的意识形态。

"无意识"与"思想"面对外界讯息的运作模式是不同的:思想必须要通过某些机制（例如像思考逻辑），在分析外界讯息后产生响应;但无意识面对外界讯息时，却不呈现任何机制的运作，它呼应外界讯息时所衍生的响应，是自动萌现的。这些响应多数会提示更接近真相的觉知，也同时会提示最佳的行动建议。

当事人接收到无意识传递的信息后，他完全不会去质疑该信息的真实性，或者是否可行，他会像呼吸般自然地接受与执行。此外，在他行动前，就已经在心里感受到圆满成功的喜悦。

再举上述例子说明无意识运作模式。

当一位两年前与我吵架，并且让我愤怒的人站在我眼前的时候，我只是宁静放松的，用五官意识全神投入地去感受当下的他。此刻，思想将不再运作。当思想停止运转时，自然情绪不会升起。此时，无意识会自动接手外在讯息，并提示对这个人深入的认知与和谐的互惠回应。

这种当下模式是最佳的关系应对模式，它是圆融关系的秘密，但多数思想发达的人无法理解或认同这种模式。

要建立无意识模式的心灵素质很简单，你唯一需要做的，就是将自己无念地留在当下，在当下去觉知眼前的一切。当你进行无念当下觉知时，你会在放松平静的氛围中清楚地感觉到心灵的清明与关怀的爱。在温馨的利他氛围中，真相会自然流入你的大脑中，帮你成就良好关系，帮你拥有自由美好的生命。

无意识所触动的信息并非思考下的产物，它的优点是没有情绪，耗能不高，并且更能够看清事件的真相与提示该事件的最佳解决方案。其实一般人都有过这种经验，它被通称为"直觉"。这类直觉经常都能提供好答案。

如果观察人们采用上述两个模式的比例，多数人采用前者，因为他们并没有活在当下。

多数人没有活在当下

大自然的美好一直存在于人们周遭的世界里，像是空中的云，丛林中的花、草、树木、枝头小鸟，等等，虽然它们很美，但我们从来都不曾抽空去自由地观察它们。如果对于这些美的东西视若无睹，那么我们就会完全错过生活的美妙，生命变得支离破碎，不再是完整的，并充满各种矛盾，这一切让生命变得平庸与浪费生命。

但大多数人的生命经验，却真的就是这个样子。

当你握着心爱伴侣的手在美丽的公园散步，虽然明月高挂，景色幽美，但你并没有欣赏景色。你虽然牵着伴侣的手，但也没有留意她(他)的存在,你脑袋里只烦恼着生活琐事与回味往事的苦痛——你根本没有活在当下。

当你听着某个人在讲话的时候，你的眼睛虽然看着他，但你的心已经飘到某个远方，你只是假装在聆听。或着，你也没有认真在听,你一直用着思想下的知识、经验或信仰,自以为是地在分析、判断、比较与批评,你离开了当下。

当你看着一朵花的时候，你在思考："啊！这朵花好美丽。"你的思想在分析着花的颜色、大小、形状，等等；或者，你陷入了回忆，由花联想到初恋情人。那你绝对不是在当下觉知花，你是在进行思想运动。

当思想当道时，觉知不在，觉知不在时，真相不在。思想与真相是对立的，只有无念觉知才可通达真相。

人们的心念总是撇不开过去的回忆、经验、生命的渴求与对未来的幻相，这些虚相令我们的生命永远在非当下的心灵活动中来回飘浮摆动，令我们无法觉知真实的生命。请思考一下，我们每一天有多少时间是留在当下的？我们有能力将生命留在当下吗？

为什么生活在当下如此重要？

现代人经常用思想面对复杂与高压的生活，而思想又是创造情绪的源头。现代人如果懂得去放下思想，活在当下，必然会产生不一样的生命经验。

在当下觉知时，你的身体会彻底自然地放松，思想会自动停止运作，心灵内的时间、恐惧与痛苦都会消失，滔滔不绝的心念会转换成清澈水潭面的明镜，映照一切，但不受制于一切；新的内在平和、喜悦的秩序会被创造，而无条件宁静的爱与生命智慧会悄悄地自动升起。

小的时候很容易快乐

回想一下，小的时候我们很容易快乐，不是吗？

我们只要在当下玩泥巴、抓毛毛虫、爬墙、跳方格，就觉得像自由的鸟儿般很快乐、幸福。为什么小朋友们容易快乐？因为小朋友脑袋里没有多少思想，所以很容易聚焦在当下，他们对眼前一切都是好奇新鲜的。小朋友们都是当下专家，知道活在当下。

但当他们渐渐长大后，外围的教育与经验建立了他们的思想，这些思想破坏了小朋友们觉知当下的天生能力。

到底谁给了小朋友们思想？答案是父母。父母会理所当然地去教育孩子，而这些教育渐渐地建立了孩子们的思想。

　　小朋友喜爱玩泥巴，但当他玩泥巴时，大人不准他们玩泥巴，大人会说："玩泥巴会让衣服脏""玩泥巴会生病"，小朋友当然会听妈妈的话不再玩泥巴。从那天起，孩子的思想中植入了新东西："玩泥巴会生病"。当他长大踏在泥土路上的时候，他将不再有兴趣观察泥土的一切，因为妈妈曾说过："泥巴是坏东西"。

　　小朋友本来不怕蟑螂，当看到蟑螂在眼前爬过的时候，他感觉好有趣，想跟它玩，但大人教导他们："蟑螂脏，是害虫"。大人为了证明蟑螂是害虫，不惜在孩子眼前兴奋激昂地用拖鞋把蟑螂打成烂泥。从那天起，小孩子没有思想的大脑中有了新东西，那就是："蟑螂恶心，是害虫"。他长大后不再会好奇地观察蟑螂，他唯一有兴趣的就是学父母把蟑螂打成烂泥。

　　父母送孩子到学校接受教育，希望孩子将来过好日子。学校受到父母的委托，教导孩子知识，而这些知识就创造了孩子们的思想。知识就是思想的运作资源，因此间接地，知识让孩子反而不容易留在当下。

　　留在当下的程度与是否快乐是息息相关的。因为，当你能够留在当下，则创造情绪的思想自动停止运作。如果你此刻能够确实了解当下的价值，你就拥有了进入快乐花园的门票。

如何进行当下觉知?

现在，让我们讨论如何进行"当下觉知"。要留在当下，要懂得如何放下思想。

我们提到过，当你想放下思想时，不要对思想嘶喊说："不要再想了"，那一点用处都没有，因为你正在用另一个思想去排斥思想。

你如果想放下思想，你不必排斥思想，你只要专注在某个与思想无关的东西就好了。例如说，仔细地观看大自然、某个对象，或者听海涛声。由于我们的心盘一次只能放一件东西，所以当你在心盘中摆上某个物件时，思想就无法运作。

当思想放下后，要用五官意识全神警敏仔细地观照眼前现象。观照的时候，要能放松、宁静、没有知识与经验参与，没有分析、比较或批评，没有回忆或未来，没有情绪，并容许心灵在自由中不设限观察一切细节。

想象自己是一位称职优雅的宴会主任，在宴会面对宾客时，你将在保持不排斥、不批判的态度下，用诚挚温馨的心意去款待眼前的每一位客人。在此过程中，你不必放弃"思想"，你只是暂时让思想保持静默。

在宴席中，你不必刻意勉强自己做个好主人，你只需要将自己放在当下，专注无念地观察眼前每一个客人的一切，它包括宾客的眼神、表情、情绪与服饰，等等。

当你走进一个美丽的国家公园，在欣赏美景的过程中，你抱持着无念、无批判、无情绪与无比较的心念，看着公园内的一切美景，倾听大自然传来的一切讯息，并张开皮肤去感受风、温度与阳光，在那个当下，你会自然地放下自我，纵情享受大自然中的一切景致。在这种美质的心念下，你会成功地将自己安适在当下。

每个人都有看花的经验，但不是每个人都在当下看花。当下看花该如何看呢？

□ 所谓当下看花，不是单用眼睛去看着花而已，而是投注所有的五官意识，非常专注地去觉知花的一切。

□ 心中没有思想

□ 心中没有描述花的语言，因为语言是思想下的产物

□ 心中没有描述花的文字，因为文学也是思想下的产物

□ 心中没有指认花的名字，因为名字是思想下的知识

□ 心中没有描述花的特征，因为花的大小、形状、颜色是思想下的判断

□ 心中没有任何评估、比较、判断，因为这些都是思想下的运作

□ 心中没有由花联想些什么，因为回忆的联想是思想下的运作

　　□ 心中没有情绪，因为情绪也是思想运作下的产品

　　□ 看花时，连看花者都不存在，因为思想不在

　　如果你的觉知符合上述内容时，那么恭喜你，你已经成功地在当下觉知这朵花。

　　人们如果要真正地享受生命，必须活在当下。当你能活在当下时，大自然与外围的情境、人物无一不美，快乐变得如此唾手可得，比比皆是，苦求外境物质的欲望变得清淡如水。

练习留在当下

　　在城市繁忙生活中，不妨抽空走出城市，把手机关掉，放下思想、批评与比较，把自己的心打开，去自由地感受大自然的一切。大自然虽然很美，但我们却从来都不曾抽点空去观察它们。

　　我们可以在清晨时张开眼睛，观察大自然中的景物，看着初阳跳上山巅，看着阳光照射大地，看着夕阳落下海面，看着飞过天际的鸟、树丛中的花朵、山石与流水。看的时候请不要思考或联想，只要全神贯注地看着就好。

我们很少仔细地去倾听一切外围的声音。我们通过自我催眠，让我们听不到声音：冷气声听久了就听不到了，汽车声听久了也听不到了，甚至于连别人对我们讲话的声音都听不到了。太多的思想让我们的听觉被封闭了，我们放弃了生命中享受声音的美，也放弃了声音对我们传达的讯息。

要练习在大自然去倾听各种声音：风吹过松林的自然乐音、雨声、树林传来的虫鸣鸟声、海边的海涛声。在静谧与细微的心觉下，声音的真相会萌现。

□ 曾经在当下倾听雨声吗?

□ 曾经在当下倾听风声吗?

□ 曾经聆听过风吹过松林的自然乐音吗?

□ 曾经在海边仔细聆听过清风拂过响螺所传递的神秘讯息吗?

在学习当下倾听时，要保持内在的宁静与被动的聆听。聆听的时候，你将什么都不想，什么都不做，你只是在听。

当你静默时，任何声音均是一场生命的对话，它对你传达生命的讯息。智慧的光明会进入你的内在，帮你驱除内在一切阴暗能量与负面的信念。如此，贫乏无趣的生活、悲惨的人生、死亡的恐惧将会全面自动害羞地远离，正面的言谈、思想与行动将会自动出现。

这一切听起来似乎不可思议？如此单纯被动的倾听，会创造如此美好的生命变化吗？你不必说"我相信"或者"我不相信"，你要由体验中去找答案。

当下倾听的艺术

生活在这个多样关系的世界里，与人相处时的倾听艺术非常重要。但许多人在倾听时思想在运作，"我"充斥在内心，谈话间已先预下结论，如此，我们再也听不进别人的话，也丧失了取得真相的机会。最糟的是，它会促成对应关系时的障碍。这种模式是非当下的倾听。

如何进行当下的倾听呢？

当面对人倾听时：

☐ 保持宁静

☐ 专注地倾听，体内的每一根神经都在试图理解对方的话语

☐ 充满感情地去倾听

☐ 放弃你的角色，你将不再是父母、法官或心理医师，更不是身披盾甲的沙场战士

☐ 脸上带着温馨的微笑

□ 心里带着感同身受的同理心

□ 内在存有无限的自由

□ 只呼应，但不插嘴

□ 不妨偶尔说些呼应的字眼，像是"很好""我了解""是呀"，等等

□ 没有情绪

□ 没有思想

□ 抛开心中的知识、经验、观点和结论

□ 不去比较、判断、评估

□ 不做选择，不预设方向

□ 将自己变作电影院里的观众，只是全神投入地倾听与觉察

□ 不要有"我必须注意听"的想法存在

□ 甚至于倾听者不在

当你能如此地在当下倾听，不独你能领悟言谈里的意涵，觉察深层的真相，形成洞见，你更能够无碍地交流，促成美好的关系。

当下是生命唯一求取快乐之道的秘密。想进行当下觉知吗？"潜意识对话DIY"能够有效地帮助读者学习进入当下。

3.3　生命的意义与目的是什么？

面对这个殊胜难得的生命，光是走出痛苦的阴影就满足了吗？

究竟生命是为了什么？

多年来，暗与夜围绕着我，尔后教我的人来了，我于是在暗夜中找到了天堂之路。

海伦·亚当斯·凯勒（Helen Adams Keller，1880年－1968年）

在这本书里，我们谈如何脱苦，因为有了苦，怎么可能奢言欢喜的人生呢？

但我们也知道，单纯的脱苦绝对不是人生的目标。面对这个殊胜难得的生命，光是走出痛苦的阴影就满足了吗？我们该做什么才不会辜负来人间一次呢？我想与各位分享一个更大更有趣的议题，这个议题是：如何创造"符合生命最大蓝图"的积极目标？

但是问题来了，究竟生命是为了什么？如果不能回答，那我们怎能奢言我们此生真正的目标是什么？

下一个问题是：谁来告诉我们正确答案？是思想下的搜索吗？是复制当红的社会价值观吗？还是别的？

不同的人有不同的人生观

现代的每一个人从小开始，就被父母、社会与文化教导我们要设定目标，并且要努力达成目标。基于每个人不同的性格、人生经验、社会背景、家庭教育、学校教育与信仰，不同的人有不同的人生观。

综观现代热门流行的目标，它们不外乎是：赚取财富、取得成就、寻找快乐、获取智慧、寻找真理、美满家庭，等等。

试问，人间有一个所谓的"普世目标"吗？还是并没有所谓的"普世目标"，每一个人自我设定的目标就是对的目标？

如果以"人本位"的角度环观生命目标，这个命题没有标准答案。每个人基于不同的个性、生命背景或环境影响，等等，会设定自我认同的人生价值与目标。也因为不同的人拥有不同的人生价值观与目标，它造就了像是万花筒般的五彩缤纷社会。在万花筒内，有形形色色的人做不同的事情，每个人手上各自一把号，各吹各的调。

对于这个命题，我颇能确定，许多人虽然正在做着一些事情，但却不知道生命真正要什么？为什么呢？

且让我们看看多数人如何找寻生命目标？

□ 许多人像乔布斯一样，当卷入求财求名的洪流后，就无法探究他们心里真正想要什么了。

□ 有些人在缺乏自信下，不相信自己想要的是对的，他们会做一辈子的鹦鹉，忙着去追求别人想要的，或者社会想要的。

□ 有些人凭借直觉追求目标，但最终发现他们要的不是真正想要的。

□ 有些人在信仰中找寻生命答案，但内在却在怀疑而不知所措。

知道生命中要什么是对的吗？

不管目标是什么，我们很少冷静地思考：

□ 我们所选择的"人生目标"是对的吗？

□ 我们所选择的"人生目标"，真正是符合生命最大蓝图的最佳目标吗？

学校的考卷有标准答案，但这个问题不易有标准答案。就算有，也无法辩个水落石出。我相信多数人愿意坚持自己选择的生命标的是对的，要不然，他们也不会耗费一辈子的生命如此做。但我也相信，许多人内心深处对自己的目标不一定真正感觉满意。

如果读者有兴趣自我检视自己要的目标是否是对的，不妨利用下面的问卷去探索追求目标的正确性。

读者不妨自问下列问题：

☐ 在工作中，我感觉充满了能量吗?

☐ 在工作中，我感觉充满了快乐与满足吗?

☐ 在工作中，我感觉充满自由的心念吗?

☐ 在工作中，我感觉我欢喜的是过程，而不是结果吗?

如果你回答上述问题，有任何一题打"×"，那可能表示你追求的目标可能就不是你心中真正想要的。

这个问卷非常符合逻辑。请想象一下，如果人们追求的目标是心中想要的，那在追求的过程中，必定充满了能量、快乐与满足的自由心念。此外，你会欢喜地享受工作的过程，而不是结果。如果你的工作经验并非如此，那又何必奢言你的目标是好目标呢?

爬在迷宫里的蚂蚁

想象一下，人们基于某个理由，设计了一个观察蚂蚁行为的蚂蚁迷宫。当蚂蚁爬在人们所安排的迷宫里，它会竭尽所能地计划如何在迷宫里过恰当的生活，也会自觉它觉知的世界就是真相。

当人们站在更高的生命纬度看着迷宫里的蚂蚁时，他们会看得很清楚，也会觉得好玩与可笑。人们知道蚂蚁觉知的真相不是真相。

但同理心，人们站在生命的平台看自己的生命，会自以为看得很清楚，自以为看到真相。但人们看到的真相，有多少是真实的真相？人如果能以更高的智慧站在更高的平台看人生，那看到的真相是心里想象的真相吗？

逻辑上来说，如果宇宙黑幔后并没有一个普世的真理，人走了就化成黄土一堆，那其实只要是人们自己想做的，就都是对的。但如果你相信，宇宙黑幔后有一个普世的真理，人走了不见得只化成黄土一堆，那么，人们欢喜想做的就不一定都是对的。

如果真相的确存在，但你在不知情的情况下，强迫自己像在拉斯维加斯赌单双般，去赌日子该怎么过，那种风险极大。因为今世生命只有一次，容不得你我犯错。

想象一下，如果你暗夜在山路开车，但灯坏了，眼前一片漆黑，你会坚持持续前进，还是暂时熄火停车，等待车灯修好后再上路？

面对目标的建言

针对这个议题，我没有立场批判别人目标的对错，但对想找寻生命最大蓝图下目标的人，有几个想法值得参考。

其一：突破心灵制约，不要做别人想做的，要做自己想做的。

很多人一辈子拼命工作到老，来得迷迷糊糊，走得也不清不白。他们变成鹦鹉或者合唱团里的团员，活的世界只是别人认定的世界。这种附庸的生命既无趣，又可惜。追随别人是因为恐惧自己不行，但的确追随别人很容易，否定别人很难。

你的生命是独一无二的，你既不像别人，别人也不像你。没有人有资格告诉你该做什么是对的，你也不要听别人教你要做什么。别人的路是别人的，你不需要复制别人的路，他们的路与你无关。

在觉知目标的过程中，你的心灵要摆脱对别人的依赖、学习、追随、模仿，不要听别人的，要放下教条与信仰的拘束，要突破传统、权威与野心的障碍，你要孤独问自己要什么？然后孤单地努力走自己要走的路。

当静心中突破心灵制约后，你的心变像是宁静的水潭，既清明、又自由。你会发现自己心灵的全部结构，清楚地认识自己。这个"自己"不是思想下的自己，而是深层的自性。如此，你才能觉知生命的真相，你才能觉知生命真正的目标。从而在没有恐惧下，去完成创造你生命真正的目标。

其二：如果我们真有想做的，就要勇敢地去做。

要放下对自己的担心，不要介意别人怎么想，不要介意得到多少，会不会成功，或者多少掌声，勇敢自由地去做就好了。

其三：要用自由心念创新。

如果你想创新，想做别人没做的，那就要记住：

☐ 不要追随别人

追随别人就是追随已知的。对别人说的，要勇敢地该说"不"，说"YES"就是要追随别人。

☐ 要拒绝传统

因为传统就是老东西。总有人会推翻传统，那个人为什么不是你？

☐ 要抛开知识、经验

老知识或者老经验了无新意。但你仍需尊重老知识或者老经验，因为它们告诉你哪些是不要做的。

☐ 要抛弃思想

许多人不敢抛开思想，就像在水中仰赖救生圈的人无法放手救生圈。思想看似无限，但其实仍被内在既有的资源制约，老思想创造不出新的东西。就像用同一个盒子里的积木不管怎么排，都是受局限的。

☐ 要让心灵自由

要布新，必须先除旧。要把思想中所有已知事物掏空以后，心灵才能自由。自由的心中会自然升起属于你的独一无二的生命目标。自由心才能引导出创造的行为。

□ 不要怕孤独的创新

创新就是要走推翻主流典范的对立路程。当你对抗主流典范时，你会被排挤，你会孤独，因为掌声永远跟着多数人。稀落的掌声也许就是天使捎送的真相讯息。你要学提倡"地心论"而被软禁的伽利略，还是看着别人的背影做个安逸的追随者？

我说的创造，不是指日常生活方面的技术，像是编写软件程序，设计房子或者雕刻东西，这种表现并非创造，它们只是思想下的渴求行动，我谈的是更高灵性觉知下的目标。

真正的生命目标是什么

每个人的生命都是独一无二的，每个人的目标也必定是独一无二的，我尊重每个人对自己生命目标的见解。

我想分享一下我个人对生命目标的见解。我对生命目标的见解是：我相信生命并没有什么目标，或者说，我相信生命本体就是目标。

　　面对生命，我会活在当下，珍惜享受流过生命的每一分、每一秒、每一个刹那。在每天早上起床的时候，我会开始感受着我美妙的呼吸，美妙的心跳，倾听窗外传来的鸟叫声、风声。我会宁静地倾听我的心传给我的讯息，然后我会依循心灵深处讯息，去引导我面对生命。因为我清楚地知道，这些内在讯息来自于"真正的我"。

　　这一切自由的指引，会让我未来生命的每一分、每一秒、每一刹那，充满宁静喜悦、自由、爱与仁慈。

人生就应如樱花般，美丽而自由地来去。

　　我没有刻意设定任何生命的目标，因为它们都带不走。我不知道明天我将做什么是对的，但我会在当下宁静地聆听我的心告诉我的一切。

　　人生在宇宙史上的存留时间，连兆兆分之一秒都没有，我们争什么、求什么、抢什么？死后不管是英雄烈士、大企业家或大智慧者，不管有没有立德、立功或者立言，不管人们记忆中或者历史书本里有没有你，最终都无法带走。

　　百年的人生在宇宙长河里，不过只是佛家的刹那，比瞬间眨眼都短。生命苦短，我们不必悲观地沉溺在达尔文的进化论里，不必渴求虚幻的永生或青春，不必颓丧或担忧离开真相太远，也不需要忙着去创造自我投射的永生，如何在宁静中聆听心灵自性的引导才是生命的正确途径。

生命不只是消极地脱苦，或只想过安逸的生活。既然来到人间，就要完成生命中我真正欢喜想要的，就要让这一世灿烂美丽。这就像是电影《武士》中，武士渡边谦一看着满园樱花时，对汤姆·克鲁斯说："人生就应如樱花般，美丽而自由地来去。"

> 我不知道历代名留千史的人临终前，是否确定他们生命中做的是对的？我猜想，他们但求不辜负此生，如同樱花般只求瞬间的美丽。

4.4　你相信蝴蝶的蜕变吗？

生命不仅是去苦得乐，去恶就善，
或者死前拥有进入天堂的门票。

潜意识对话 DIY

这本有声书是呼应目前迫切的心灵需求，而制作的心灵转化工具书。

它的设计原理单纯，它跳过复杂的心灵的因果探索与思考，直接转化潜意识。如果你期待提升你的身心灵，这本书会帮助你踏出最重要的第一步。请耐心地善加运用这本工具书，为自己在心灵议题上积极智慧地多走一步。

我希望读者能在阅读本书的过程中，保持开放的观念。它提供的是实用的方法，而不是咬文嚼字的真相。实验胜于分析。善用这本书的方法是行动，而不单纯是思维上的认同或是了解。仅翻阅这本书不能触动真实的改变，耐心扎实地聆听语音引导三个月后，才能意识到身心灵的变动。

　　请按照书内"潜意识对话 DIY"九十天心灵日记内的规划着手聆听。手册内的语音引导建议有顺序性，请按照顺序练习，前一个语音单元会为后一个语音单元打基础，要设法使用充分的时间去通透经历每一个语音单元。

　　请用轻松的态度与开放的心去经历语音引导。给自己时间与耐心让这些新的心灵构架与信念在潜意识内在发酵沉淀。不时自我评估身心灵的进展是个好习惯，它会强化你练习的动能与企图。

　　请在练习有声书结束后，开始修习静心，这个接力训练会加成你心灵进化的效果。当你能在未来持续地使用有声书语音引导，并恒常地进入静心状态时，你的生命内容将会有美妙的转变。

　　在心灵持续的进化下，你内在的能量不独照亮你自己，带来疗愈与和谐，并自动充满了大爱与仁慈。你将会自然地伸出手，将这些爱与仁慈扩散给外围每一个人。

　　当你有一天如愿地达成预期的心灵目标时，你将会对你的潜意识说："感谢你用你所拥有的丰沛资源，高度智慧与能量，促成我生命的自由、辉煌与欢喜。"

裸奔的我

我一直困扰不知道如何为这本书收尾。当我左思右想当初编写这本书的动机与心绪时，我的脑海里呈现了一个有趣的3D彩色图像，图像的背景是欧洲地中海边的某个天体度假沙滩，在洁净的沙滩上尽是一个个裸卧的金发美女。在这个图像中，一个垂暮而且皮肤满是皱褶的我，在沙滩上自由天真地裸奔。

沙滩上裸体的美女很多，但裸奔的人却不多。好奇的读者们或是有兴趣创造新生命的伙伴们，不知是否有兴趣放弃制约，自在开心地加入裸奔？